U0317346

上菜

吃在北京

北京味道

北京电视台《上菜》节目组 编写

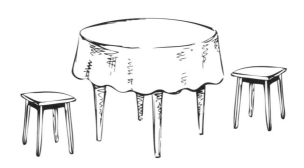

青岛出版社
QINGDAO PUBLISHING HOUSE

前言

一声『上菜』，几番思绪沉浮

王云

北京市烹饪协会副秘书长

连续看了两季的《上菜》栏目，并且自己也曾参与拍摄其中，发现这个栏目真的是变得越来越好看、越来越引人入胜了。尤其是年初刚刚结束播出的第二季节目，无论从内容到形式都呈现出一种质的飞跃。画面的色彩更加饱和，主题愈发饱满，叙事一气呵成，食材推陈出新，特别是贯穿第二季全季的三位主要嘉宾，更是对全季起到了一个穿针引线、画龙点睛的重要作用。

在这三位嘉宾当中，董克平老师是文化人，他是时下文化人当中很讲究吃也最会吃的，而另外两位嘉宾，都是我在饮食界相处多年的老朋友了，可谓是亦师亦友。记得当年郑秀生大师早已是享誉京城餐饮界赫赫有名的人物了，我曾多次前去拜访他或在电话里向他请教有关淮扬菜的问题，甚至提出了一些在今天来看有些唐突的请求，而秀生师傅非但不端一点大师的架子，反倒是有求必应，十分热情地答应了我的种种请求，对于当时我这样一个初出无名、默默无闻的人来说，他的一举一动不但是锦上添花，而且是雪中送炭，足见郑大师为人的心胸坦荡、光明磊落。

而孙立新大师，我和他认识的时间最长，他也是我最为佩服的人之一。早在20年前，我在天伦饭店就曾和孙大师有过一面之缘。大约十六七年前，立新大师已经是便宜坊饭店的行政总厨了，记得有次我到便宜坊去找他，在后厨见到他时，他手里正翻着一本《三国演义》，书角都翻得上翘了，我当时还暗地笑他来着。谁知不久便宜坊就推出了"三国宴"系列菜肴，每一道菜皆取材于"桃园三结义"、"草船借箭"、"三顾茅庐"、"过五关斩六将"等"三国"故事，人物活灵活现，栩栩如生，食材选料考究，制作精美。菜肴一经推出，立即受到各方关注，就连外国使节到便宜坊来就餐，也点名要品尝这盘盘皆有典故的三国菜。此后，孙大师又研制出了蔬香酥和花香酥烤鸭，成为百年老号的新"镇店之宝"，后来他又陆续推出多道中菜西做的菜肴来，每道菜都令人耳目一新，眼前为之一亮，不由得不令人对眼前这位言语不多的大师刮目相看，这也是我最为佩服孙大师的一点。

在第二季的《烤鱼》一期中，由孙大师带领着他的爱徒唐棠——一位年纪很轻却有志于餐饮创业的女大学生，亲自上门拜访92岁的川菜泰斗庹代良老先生。庹老先生是川菜界国宝级的大师，也是孙立新大师的师父。师徒二人此次前来的目的，是要向庹老请教一道普普通通的川菜——宫保鸡丁。看过这期节目的人，都会在脑海里留下这样的画面：在老人那略显狭窄的厨房里，老、少两代聚在灶台前，全神贯注地专注于老人如何下料腌制，如何烹饪，直到一盘热气腾腾的菜肴出锅。此时画外音徐徐响起，在节目录制后没过多久，庹代良老人就溘然长逝，而定格在画面中的那一盘宫保鸡丁，也成为了一代川菜大师的绝作！

所以，应该感谢这期节目内容的拍摄，为我们真实地再现了餐饮人代代薪火相传的画面。像庹代良、孙立新这样的大师，在他们的技艺达到炉火纯青之后，不是固步自封，而是毫无保留地将经验传授给他人，让年轻一代在今后的工作中能够更好地发扬光大，这种传承的使命感和责任感就是在今天也是相当令人钦佩的。尤其是以孙立新大师为代表的这样一群人，作为当代餐饮界的中坚力量，除去自身的事业发展外，他们身上还担负着一项特殊使命，那就是要为餐饮业的发展起到承上启下的重要作用。从他们的身上，既要体现出对传统技艺的优良传承，又要发扬创造精神，为餐饮市场开疆拓土，打造出未来的一片广阔天地，可见他们肩上的担子并不轻松。

而这，不也正是每个有责任感和使命感的电视节目应当承担的责任吗？眼下是一个数字经济时代，电视节目也毫不例外地受影响，一切以博人眼球的收视率为依据，为准绳。在此，十分感谢《上菜》这个节目，能够在如此喧嚣浮躁的社会里静下心来，用上近一年的时间踏踏实实地进行拍摄，特别是在拍摄后期经费捉襟见肘的情况下，还能克服重重困难，最终为我们呈现出如此精妙绝伦的节目来，这一切也再次证明了一个用心拍摄、精心制作的节目永远都是有灵魂、有生命力的。

期待下一季的《上菜》新鲜出炉，尽快让喜爱它的观众们一饱眼福！

2015年3月21日

上菜无形 上品无我

孙立新

《上菜》评委 商务部十大名厨之一

2014年对我来说，是特殊的一年。这一年从7月开始，我几乎成了一名电视人，天天和《上菜》节目组的工作人员在一起拍摄电视节目。这是我从事厨师行业四十多年来，一次前所未有的经历。都说厨师是勤行，但是，我切身体验到，电视人更是勤行中的勤劳人。而且，所谓"勤行"其实和职业无关，关键在于是否有心和是否用心。

而《上菜》节目组是一群特别有心、特别用心的人组成的。

我参与的一个重要的环节是调菜。这个环节都是在被拍摄饭店完成的。而节目组为了不影响饭店的正常营业，都会选择饭点过后来进行拍摄。这样一来，拍摄的时间就是在早上10点以前、下午2点到5点、晚上9点以后。他们为了一个镜头，要做各种光和机器的调试，每次都会特别跟我道歉。他们的认真打动了我，我很尊重他们的对自己负责的态度，等待的时候，我一直在琢磨，为什么要为了一个镜头用那么多时间，不是不耐烦，而是好奇。好奇这个镜头和他们到底有什么关系，又会给他们带来什么影响。

我和他们钻胡同小馆、半夜2点蹲三里屯打车、凌晨5点开车去延庆找豆腐……每一集的拍摄都经历了从白天到黑夜的打磨。我家小区的电梯每天12点停止使用。

我爱人开玩笑说，自从进了《上菜》剧组，就没赶上过家里的电梯。天天爬十一楼，身体自然是疲惫的，但是脑子有个声音却越来越清晰——他们到底图什么？

拍摄从夏天到了秋天，我和节目组的导演摄像灯光都成了朋友，知道灯光师叫"灯爷"、拍门头要用"16—35"的镜头、拍菜要用叫"特图利"的灯……但是他们到底哪里来的劲头我还是没太看清楚。有一天，我半开玩笑地跟导演说，你们这么卖劲，不知道的还以为这店有你们股份呢。导演说："我们就是干这个的，哪个店都得认真拍，不能对不起我们的职业。"

"对得起自己的职业。"我有好多年没有听到年轻人这样尊重自己的职业。很多年轻人都在抱怨自己的职业、抱怨自己的才华不被认可、抱怨自己赚的太少。而陪我一起披星戴月、早出晚归半年多的这些电视人，他们谦虚、努力，大多都还在租房子，有的还租住在六环外。他们没有抱怨，每天说的最多的，就是和我一起商量，怎样让菜更好吃、更好看。

这种工作氛围潜移默化地在影响着我的态度。最开始我对菜品不会主动提出修改意见。一来是人家本身有自己的技巧。二来是我没有指导人家的义务。三来，有的时候，这个行业里，有的人还不一定喜欢别人对自己的菜指指点点。但是，不知道从什么时候起，我开始主动指出菜品的问题，看到店里的问题也会替老板着急。甚至主动把我珍藏多年的秘方无偿地教给厨师。

一开始，我刚给完秘方，还真是有点后悔。因为这些秘方有些是我自己多年的工作经验总结的，有些是师傅用很贵的价钱买来的，有些是我们这个行业中顶级厨师才能得到的。我们拍摄的饭店虽然都很优秀，不过大部分厨师都不是科班出身，我也没有什么机会能和他们一起做菜。要不是因为《上菜》，他们可能永远也不可能得到这些神奇的秘方。厨师们乍一拿到我的秘方，都第一时间去实验效果。他们对我说了很多感激的话。我很高兴。但是，渐渐地，我开始沉思。我想，我们这些被称为大师的人，以前都在做什么？我们把这些技巧紧紧捏在手里，图什么？"师者，传道授业解惑也"。我们没有看到年轻厨师渴望解惑的眼神，忘记了为人师表的义务和责任，忽略了我们的职业意义。借《上菜》导演的一句话："我们就是干这个的，要对得起自己的职业。"没有什么是自己的，所谓秘方是属于热爱美食、尊重厨师职业的每一个厨师的。他们从我这里得到了秘方和技巧，提升了菜品的品质，我也没有什么得意的，因为这本身就是我应该做的。

当我们在做一件事，不以交易的心开始，那么必然以完美的终点结束。

后来，我和我这一组所有参与拍摄的店家的老板和大厨都成了好朋友。泡家常、一锅和老门框的厨师还拜我为师，现在我们还在经常讨论如何因地制宜地使用秘方。秘方是催化剂，能让菜品在最短时间内提升，但是，也不能完全依赖秘方。同样的食材，同样的技巧，每个人要有自己的特点。老子的《道德经》里说"大音希声、大象无形"，用在我们厨师行业也是相通的。"上菜无形"，我们不能满足于复制秘方里的味道，最成功的厨师不是完美地模仿，而是让自己的菜品有辨识度。我希望我的徒弟们，不仅能做出色香味俱全的菜品，更能善于总结经验，以后能无私地去帮助需要帮助的同行。因为，最优秀的品质，是"无我"，只有心中没有自己，才能装得下别人，才能对得起自己的职业。那种快乐，是纯粹的、踏实的、可以留给子孙后代的真正的财富。

孙立新
商务部十大名厨
便宜坊集团 副总经理
上
菜 II
北京味道

孙立新

董克平
饮食文化学者
《北京味道》美食总顾问
上
菜 II
北京味道

董克平

郑秀生
中国烹饪大师
北京饭店 行政总厨

上菜 II
北京味道

郑秀生

《上菜》
节目制作人
王星斌

目录

九 煎饼传奇

十 霸气十足的烤羊腿

十一 味道学院

十二 主创人员随想录

一

不只是「麻小」

红火小龙虾，

编导手记

美食之美
在极简之间

导演 赵雪莲

"小龙虾"是我接到的《上菜》第二季的第一个拍摄任务。初看这个题目，有些乏味，印象中北京的小龙虾已经有了一个约定俗成的名字——"麻小"，拍了几年美食节目，一涉及这个选题，拍摄的内容不外乎小龙虾来自江苏的盱眙，店家用十几种酱料炒制，麻辣鲜香等等。但是这次我要拍摄的小龙虾的制作方是一家淮扬菜的厨师王昌荣，这让我不免好奇，这位著名的淮扬菜大厨在"麻小"上如何施展

刀工，如何控制火候，如何给"麻小"打上口味清淡微甜的淮扬菜标签。

在开拍之前，制片人王昱斌在编前会上提出，这次的节目是培养型的真人秀，通过拍摄，要和大厨、老板寻找新的灵感，让菜品实现提升。这个要求对我来说，当时也是个困惑，因为拍摄对象是一家非常成熟的餐厅，不论大厨、老板还是菜品，在北京也都非常有人气，来这里体验淮扬菜一定是需要品味的。这样大牌的大厨，提升菜品的空间在哪里呢？

按照节目规则，每一道入选菜品的制作方由一位"老饭骨"来推荐，并且利用自己的专业能力来帮助实现菜品的提升。这一集淮扬菜大厨制作的小龙虾是由著名的鲁菜大师孙立新先生来推荐，这样的搭配，我们该如何确定提升的方向呢？

带着这么多问号，拍摄开始了。

淮扬府清水小龙虾

　　我这次要拍摄的小龙虾是"清水小龙虾"。和麻辣无关。小龙虾来自扬州，和盱眙无关。

　　抛开制作的过程和技巧，这道和麻辣无关的小龙虾让人眼前一亮。红亮、利落、口感香甜，颠覆了小龙虾一定要重口味上阵的印象。老板洛阳介绍，这道菜是所有来北京常驻的扬州人必点的菜式之一。试完了菜，孙立新先生和大厨王昌荣之间有一段对话，他们在灶台前站了很久，话却不多"汤不够清，味不够进"，"这道菜还差一口气"，"这口气要去淮扬菜的家乡寻找"。而这口摸不着，看不见的"气"，到底是什么呢？

　　老板洛阳貌似抓住了什么灵感，但是又说不清楚这个灵感的具体面貌，不过，我们把寻找的方向定在了食材和扬州味道上。

扬州的6天拍摄紧张而充满了挑战，很像探索发现。第一个发现是扬州人非常爱吃小龙虾，他们的口味是以红烧为主，而最叫座的是清水小龙虾。第二个发现是扬州人吃的小龙虾基本都来自扬州，因为扬州水系很发达，市区有瘦西湖和保障湖，周边有登月湖、邵伯湖、高邮湖、宝应湖。其中高邮湖是全国第六大淡水湖，邵伯湖自古就物产丰美，不少当地人都有小时候去湖里钓龙虾，丰富自家餐桌的经历。第三个发现是扬州的妈妈们都很会做菜，做菜的过程讲究却用料极少。厨房里用得最多的就是酱油和花雕酒。

这三个发现，让那口摸不着的气逐渐明朗了起来。

当我们在高邮湖体验了和大闸蟹一起生活的小龙虾的甜美之后，那口气几乎要脱颖而出了——为极致的食材做减法。

带着这样的灵感，洛阳返京的当天，就马上请王昌荣想办法实现，并且请孙立新先生帮助指导如何做减法。

王昌荣的这道清水小龙虾本身做法非常简单，整个制作过程不超过10分钟。所有调料加上煮小龙虾的鸡汤不超过10种。还要减什么呢？

在用新的高邮湖小龙虾试过之后，厨届大佬做出了一个大胆的决定：把用了多年的鸡汤撤掉，换成矿泉水。把调料减到最少，最后连装饰用的材料加在一起竟然不到10种。蒜不再煸炒。这样做出来的小龙虾，在场的人谁也没做过，谁也没吃过。

而结果出乎意料地精彩。

汤头清亮透彻，龙虾甜美到大家忽略了这是小龙虾。

减法为一道大众菜加分，减法让一道浓妆艳抹的菜素面朝天，也惊艳了众人。当然，作为亲历者我们明白，知道减什么，需要深厚的功力，需要对食材、调料性质的了解。这，是时间的积累。

　　我们的镜头记录下来了这由繁至简的过程，记录下来了厨师们的感悟。原来百尺竿头，更进一层的空间在减而又简，就像武功高手无招胜有招的境界。也许这就是《上菜》给所有参与者的第一个礼物，"上"菜，无需繁琐，"上"货，不需华丽。极致之美，在极简之间。

花家怡园麻辣小龙虾

盱眙行——
寻味之旅

花家怡园

花家怡园，京味餐饮第一品牌。花家菜是新派北京菜，除了地道的老北京吃食还有一道被广大食客奉为镇店名菜的菜品——麻辣小龙虾，16年来，在北京这个地界儿，更多的人喜欢称其为"麻小"。

江苏盱眙，成功举办14届龙虾节的地方。龙虾节的举办，带动了当地龙虾养殖业的发展，多年来，当地人特别喜欢吃的口味是十三香，盱眙也成了一座飘着十三香味道的龙虾城。

花家怡园的小龙虾，就来自这里。北京–盱眙，盱眙–簖街，就这么联系在了一起。

董事长花雷是个喜欢创新的人，花家怡园的菜品唤作花家菜，也就是新派北京菜，这么多年下来，很多人的观念中一提到北京菜，立刻就会想起花家菜，花家菜在某种程度上已经成了新派北京菜的代名词。这不，借着《上菜》栏目组比赛的东风，他们又要研发新品了。

这次小龙虾味道的比拼，如果我们直接拿出镇店名菜——"麻小"，桂冠毫无悬念。花总却想着，借着这次比赛的机会，再推出一种打开食客味蕾的口味，既区别于现在的"麻小"，又让人感觉到新鲜和刺激。

为了向广大观众展示花家小龙虾的养殖情况，也为了寻求新的味道，最终我们决定带领《上菜》摄制组南下小龙虾圣地——江苏盱眙。一来可以通过镜头对小龙虾追本溯源，二来也再去考察几家供货商。毕竟，只有最好的龙虾搭配最好的调味料，再辅以大厨的烹饪技艺，才能成就那最诱人的龙虾味道。这个任务，落在了花家怡园出品部总监张芳忠老师的身上。

　　做好前期安排后，我们乘坐火车前往盱眙，经过7小时的车程，到达了这个地处长江三角洲的县城。较之北京，这里更热，这是我到了这里的第一感受。由于时间紧，安顿好后，来不及洗澡，就开始了我们的寻味之旅。

　　由于事先有安排，当地的好朋友给准备了专车，大大方便了我们的出行。要知道，这次有摄制组跟拍，光设备就十几个大箱，没个车，简直是寸步难行。我们对盱眙不算陌生，不止一次来过，这次更是轻车熟路，未休息就直奔养殖户比较密集的区域。

　　到了养殖龙虾较为集中的地区，举目望去，蓝天下无边的波光粼粼，这就是盱眙著名的龙虾养殖基地，用他们当地的话说"这里就是全国最好的小龙虾的出产地"。说明来意，当地养殖户们亲自当场驾船打捞龙虾，还讲解龙虾的养殖方法，谁都希望拿下花家怡园这个北京的大客户。部分养殖户也用自家的龙虾招待了我们，但是，对于花家团队来说，在这里还没有探寻的那个味道。

　　次日，我们又走访了几家大型养殖户，其中就有一直给我们供货的几家。为了能更好地拍摄龙虾的养殖过程，导演孙岩还不惧危险，亲自跳到养虾的池塘里，进行水下拍摄，让更多的人了解小龙虾的生活环境。"来我们这里拍龙虾的电视台好多，还没有见过你们这么敬

业的，不愧是北京的电视台。"养殖基地负责人如是说。

虾的问题解决了，味道的问题还悬着……

张师傅灵机一动，说："我带你们去当地的调料市场看看吧。记得有一次来，由于时间匆忙没有好好逛逛，隐约还记得卖调料的门市门口都架着大锅，也许到那里我们能发现什么。"

在调料市场，所有的门市都会用自家独特的调味料烹饪当地龙虾给您品尝，以此来证明自己的十三香调料才是最好的十三香调料。虽然味道很好，但是要想让北京人也喜欢吃，需要改良的地方还有很多，显然，还是没有找到那种味道。

县城里也有一些当地的大小饭馆，我们沿路打听着，慕名寻找那个可以改变传统，但是又吸引人们去品尝的味道……几天的奔波，和当地厨师沟通交流，却依然收获不大，眼看着就要到返京的时间，张师傅还是一筹莫展。

一行人依然每天早出晚归。

炎炎夏日，酷暑难耐，还可忍耐。最要命的是南方的蚊虫叮咬。我们几个北方人对南方的蚊虫似乎没有抵抗力，亦或是蚊虫比较凶悍，每个人身上都是大包小包，有的甚至红肿成片，直到返京后两个月还没有全消。当然，这是后话。

就在返京的前一天，大家说："辛苦了这么几天，这里有没有夜市？咱们也去体验体验。"在北京，这个季节篷街的夜市是那么火爆。这里呢？会不会也会像北京一样？这里的人会不会也跟北京一样，吃着小龙虾，喝着啤酒？于是立刻动身前往。事有凑巧，当晚的夜市乌黑一片，只有隐隐约约的蜡烛的光芒——停电了！本该繁忙的夜市变得安静许多，但这对于我们来说倒是好事，张大厨和夜市上做小龙虾的师傅有更多的时间切磋交流，在蜡烛的灯光下，现场为我们制作他们拿手的小龙虾，让我们品尝在当地最接地气儿的龙虾味道。张师傅灵感突现，传统麻辣调配十三香味道，创新出诱人的麻辣十三香龙虾，就是此行要寻找的味道！

几天的辛苦寻找，拍摄，忍受酷暑、蚊虫、马不停蹄的奔波，一切的一切都在这个味道里变得那么幸福，值得大家回味。

饮馔笔记

董克平

董克平
美食专栏作家
饮食文化学者
20年游遍大江南北的美食寻味履历
美食和爱情不可辜负的忠实信徒
电视纪录片《北京味道》美食总顾问

北京电视台生活频道拍摄的、我全程参与倾心投入的美食真人秀节目《上菜》已经播出，把拍摄时的记录整理一下，重温当时的感受。

拍摄日记一。北京电视台生活频道筹划了许久的大型美食真人秀节目《上菜》第二季今天一早在花家怡园四合院店正式开始拍摄了。从《北京味道》发轫，到《上菜》第一季的成功，再到今天的第二季，全程参与的我付出了不少心血，和摄制组的朋友们也混成了好哥们。虽然感冒还

未好利索，剧组热火朝天的工作气氛让我不得不打起精神准备今天的拍摄。好在现场还有郑秀生、孙立新两位大师镇场，我对今天的成功还是充满信心的！

拍摄日记二。从东直门转战到古城西路的一个院子里，《上菜》第二季之小龙虾继续拍摄中。路虎接送，兴奋异常；郑大咖背带潇洒，眼前一亮。轨道、摇臂，各种设备齐上，全力打造一部全新电视美食真人秀片集。今天天公给脸，天阴不热，光线充足，是个拍片的好天气。

拍摄日记三。今天我们在淮

扬府地坛店，大厨王昌荣先生烹制扬州妈妈味道版的清水小龙虾。在我经历的小龙虾菜式中，这次的清水小龙虾是味道比较完美的一品！小龙虾每只重量都在一两六以上，肥美壮实，黄满腮白。用15年的花雕酒两次调味，加入花椒、香叶等提香，居然让小龙虾有了大闸蟹的味道。尤其是蘸上秘制的醋汁，蟹味更是明显。这道菜接近完美的表现再一次证明了好食材才是真王道这一饮食业的真理。

莫琪私房小厨小龙虾

二

——重庆火锅

肉食主义者的味蕾狂欢

美食大数据

Q & A

Q1: 吃重庆火锅心情好成什么样?

吃重庆火锅带给大家身体上的刺激和满足,进而心理上快乐酣畅,情绪正能量满满的。

Q2:最受欢迎的人气火锅锅底有哪些?

红油白汤、鱼头菌汤,各人口味各有所爱。重口味的重庆火锅主要体现就在锅底上,红油锅底当仁不让,排名第一,其次是"辣与不辣"都要兼顾的鸳鸯锅底,再后来就是清汤、鱼头等等。

Q3:重庆火锅食肉还是食草?

重口味的重庆火锅,当然要吃肉,而且是"无内脏不火锅"。鹅肠、脑花、牛蛙等暗黑料理食材备受欢迎。偏好素食的"动物们"喜欢重庆火锅的概率几乎为"零"。

Q4:重庆火锅蘸料你选什么?

和老北京涮肉不同,麻酱料并没有一统江湖,反而是沙茶、葱花、干辣椒位列三甲。搭配以内脏为主的火锅食材,蘸料当然也不同一般。

Q5:重庆火锅搭配什么饮料?

碳酸饮料大比例胜出,超过1/4的人选择用各种碳酸饮料搭配重庆火锅。比较出人意料的是排在第二位的饮料,有2.18%的人提及用白酒搭配麻辣口味的重庆火锅,真猛士也!

Q6:味蕾狂欢的总体印象有哪些?

重庆火锅总体印象感受主要集中于:辣、麻、鲜、爽、香、烫,说是味蕾狂欢一点儿不过分。

Q7：重庆火锅的负面效应是什么？

狂欢过后总有后遗症，贪吃的直接问题就是"麻辣导致胃疼、拉肚子"，接近60%的人提及到这一伤痛。比较而言，类似"火锅味""长痘""不消化""地沟油"等等不过是浮云。

Q8：火锅的鼻祖是什么？

尽管从史料记载看老北京涮肉的发源更早，但是超过半数的小伙伴们认定重庆火锅（毛肚火锅）才是火锅鼻祖。百度指数上，主动寻找和提及讨论重庆火锅的数量也远远超过四川和北京火锅。

Q9：三家参赛饭店你知不知道？

老锅老灶已经名声在外，黄门老灶和泡家常就差远了，不过有名声也不一定就会胜出！

编导手记

大智若愚的味中"道"

导演 赵雪莲

这一期的主角，是不折不扣的重口味——重庆火锅。这一口，在京城实在很流行，不论春夏秋冬，几乎总能在挤上某一站地铁时，闻到它的味道。它弥漫在发丝之间，萦绕在衣服的经纬之中。有的食客发现自己的味道暴露了刚才的动向，还会自嘲地解释一下，"吃火锅送香水"。吃货们对此总是可以相视一笑，达到心有灵犀的境界。不过，火锅向来是吃起来很爽，拍起来发愁，因为大家对它太熟悉。只要好这一口的，不论是不是美食家，都能说上几句对重庆火锅的印象。什么九宫格、牛油、炒底料、重麻重辣等等。而作为国

泡家常火锅

内首个旅游美食真人秀《上菜》的拍摄者，如果我们也把镜头对准这些，显然是不合格的。那么，我们该如何避免落入俗套，在老路上找到新起点呢？

这次摄制组交给我的拍摄对象是在望京的一家火锅店，名叫泡家常。这家的火锅，没有牛油，不是九宫格，一只跑山鸡打底，完全没有老路的影子。但是味道却是麻得香，辣得爽，十足的火锅印象。

有亚洲名厨称号的孙立新先生破解了泡家常火锅的秘密。他说鲜气来自打底的跑山鸡，火锅的复合香气来自锅底的泡椒和各种酱料。

老板很自豪地说他们家所有的调味料和主要的食材都是自己生产的。这个生产包括种植。

可是火锅的材料又不是什么紧俏货，到处都能买到，为什么要自己费力气生产呢？

在完成了重庆和四川部分的拍摄后，我们明白了老板的一番苦心。这家的火锅原型来自重庆荣昌的烧鸡公火锅。这种火锅在牛油九宫格盛行的地方具有长久的生命力，泡家常的老板就是因为十几年前在当地吃过这种火锅，而念念不忘，以至于经常打"飞的"去解馋，最后终于决定在北京开家店，把自己爱吃的美味，带给更多的人分享。但是他们不是做餐饮出身，虽然知道怎么制作这种好吃的火锅，可是怎样把握稳定的味道，他们并不懂。于是只能找一个最笨的办法，那就是什么都自己做。因为好食材出好味道是颠扑不破的真理。只要味道的来源质量可控，那么味道是不会背叛自己的努力的。于是，火锅需要的二荆条辣椒自己种；需要的姜自己种；需要的泡椒自己做；需要的菜籽油自己榨；需要的酱自己发酵；连给客人喝的茶叶都自己种，自己炒制……

泡家常的老板认为，什么东西该有什么香气，就应该有什么香气；到锅里能有七分味道，就应该是七分；豆瓣酱需要当年的胡豆、当年的白菜、新鲜的豆腐，那就等够时间；做好豆瓣酱需要两年时间，那就等两年，一天也不打折扣。所有的美食，都需要等待，需要时间。

他们的观点得到了孙立新先生的支持，这样，好的食材现在还是它们最原始的味道，在我们拍摄《上菜》的过程中，孙大师稍微调了一下比例，几样天然食材由单兵作战改成团队合作，挥发出天然的复合香气。

受他们启发，我们的拍摄也没有走老路。火锅料的炒制不再是我

们的拍摄对象，我们把镜头对准了各种食材的变化。比如我们纪录了火锅伴侣茉莉花茶制作过程中，茉莉花的开放；拍摄了辣椒在制作辣椒酱的过程中发生的变化；纪录了菜籽如何变成菜籽油……用最笨的办法把这种味道的变化传达给屏幕前的观众。味觉的感受离心最近，所以要更用心。这，也许就是味中之"道"吧。

重庆火锅，这大概是《上菜》第二季在策划之初，便毫无争议地入选节目菜单的菜品之一了。北京的大街小巷重庆火锅店很多，而我们制作节目的目的，就是要把其中最好吃最有特点的重庆火锅找出来，思量再三，评委郑秀生老师推荐了位于鼓楼附近的老锅老灶。

老锅老灶位于鼓楼大街，门头正对着烟袋斜街的牌楼。郑老师第一次带我到这家店那天，正是个晴空万里的好天气，我们和老板大军坐在楼顶平台，吃火锅，聊美食，赏美景，其乐融融。

老板大军是个典型的北京爷们儿。初次见面，他传递给我的是一种老北京人骨子里的挑剔和较真儿。鹅肠、牛肝、毛肚必须是新鲜的，水发、速冻的一律不要，这种对食材近乎"无情"的挑剔，和对口味近乎"偏执"的较真儿，以及每天爆满的食客，让大军对自家的火锅信心满满，以至于当他说到去重庆考察当地最火的火锅店的经历，流露出些许得意的神色。

但是想赢得比赛，在郑老师看来，老锅老灶现有的水平还不够，尤其在牛油锅底的熬制上，还有不足之处。此话一出，大军表情略显尴尬，他心里一定在想："还有什么不足？您有什么本事尽管使出来！"

几天之后，再次来到老锅老灶，郑老师带来了胡萝卜、洋葱、芹菜、鸡肉。这看似和重庆火锅完全不搭调的几样东西怎么用呢？

郑老师先让人把牛骨放到烤箱里烤了30分钟，"嗞嗞"冒油的牛骨香气四溢。然后再进行熬制，并放入切碎的胡萝卜、洋葱和芹菜。

老锅老灶火锅

所有人对这样的做法都不明就里，但郑老师依然自顾自地操作，任凭旁人一脸的问号，也丝毫不为所动。

熬制一段时间后，牛油的火候差不多了，郑老师又把鸡肉剁碎，倒入锅中，然后捞出锅里的渣滓，再倒入干净的鸡蓉，再捞出渣滓，反复3次，这锅牛油锅底汤清味浓，飘香满溢！

大师之作，众人折服。至此，老锅老灶参加《上菜》栏目重庆火锅比拼的牛油红汤锅底，敲定！

厨艺无止境，精益须求精。

谭家菜大师彭长海曾说：学精一门手艺，首先要自己有心，自己刻苦，同时也要有师父引路，机遇恰当。大军和他的老锅老灶，正是在合适的时候遇到了合适的人，使他引以为傲的重庆火锅得以再次提升，这必将是一道锦上添花的菜品！

上菜 II
北京吃在
北京味道

寻觅
顶级食材

传承乡土味，
火锅泡家常

泡家常四川乡土火锅

我们泡家常四川乡土火锅，来自四川乡村，从食材、调料到菜品烹制风格，都是原汁原味的乡村风味，川菜的传统家常味。

多年的餐饮行业经验，让我们知道，食材和厨艺是决定菜品味道的致胜法宝，缺一不可。

跑山鸡是我们店的主要食材之一。我们选的鸡是四川乡下的放养土鸡，当地人称"跑山鸡"，也就是山上养的"走地鸡"。蒲江县在成都平原西南边缘，气候温和，降雨丰沛，四季分明，境内多丘陵台地，森林覆盖率高，生态环境优越。县里最偏僻的乡是白云乡，地处朝阳湖、石象湖、长滩湖等面积达110平方公里的"三湖一阁"景区，空气优良、水质洁净、松林茂密、水鸟繁多，四季瓜果飘香，仿佛世外桃源。

我们在白云乡的农户家里选购"跑山鸡"，沿着弯弯曲曲的乡村小路上山，家家户户有林盘、果园、菜地，这里出产柑橘、茶叶、猕猴桃、梨、板栗、白果，地里种玉米、油菜、胡豆等。走到山上，放眼四望，群山连绵，湖泊镶嵌山间，整个视线里全是深深的绿意，瓜果蔬菜，随处可见，成群结队的跑山鸡在松林下、果园里、竹林边悠闲自在地觅食。公鸡个个浑身红艳，脖子上的羽毛金灿灿的，像耀眼的锦缎，又像火红的朝霞，煞是威风。

村里平时人不多，养鸡不是农民的主业，而是副业。白天在城里打工，早晚回家撒些玉米喂鸡。我们在偏僻的山村联系了很多散养户，定期过去选鸡。一听说鸡要送到北京的火锅店，淳朴的农家大嫂会笑呵呵地选最健壮、最漂亮的公鸡卖给我们，还顺手摘些地里成熟

的瓜果蔬菜送给我们。这些漂亮的大公鸡生长在优良的生态环境中，采用传统的放养方式，以野果、玉米、嫩草、小虫等为食，生长周期一般在8个月以上，放养过程中经常爬坡上坎、飞上树枝，经过充分锻炼，营养丰富，肉质紧致，香浓可口，特有嚼劲。

泡家常四川乡土火锅和店里的各式家常菜能够以味致胜，除了优质的食材，还必须有地道的调料，才能保证做出正宗的跑山鸡火锅、肥肠火锅和正宗川味家常菜。

我们的调料中使用的泡辣椒、泡生姜、豆瓣酱、红豆瓣，都是自己家里做的。四川乡下家家户户都做这些调料，辣椒出产的季节做，做好要吃一年。为了支持张敏做好菜，他父母把家里的地全部奉献出来种二荆条海椒、生姜、胡豆等。自家制作泡菜和豆瓣酱、红豆瓣，按传统做法，传统程序，不添加任何防腐剂。自家辣椒不够用，还发动亲友邻居一起种植。8月，辣椒成熟的季节，张爸爸每天天刚亮就去地里摘红辣椒，摘回来紧接着分类，质地脆硬的选出来做泡辣椒，红透的用来做豆瓣酱，当天采摘的辣椒必须当天全部做完。在乡下，做泡菜有很多讲究，不可以沾染任何荤腥，水要甘洌的井水，盐的比例要恰到好处。有些人家怎么也做不好泡菜，老人就会说，这家人的手坏水。用来做豆瓣酱的辣椒洗净，去把儿，放到晒垫里晾水分，也要当天打碎成酱，混入红透的胡豆瓣、川盐、花椒和当年鲜榨的菜籽油，新鲜的豆瓣酱装在敞口大瓦缸里，在烈日下曝晒，每天翻搅两次。这种古法做出的豆瓣酱，充分地发酵，产生了复杂的香味成分，凝聚着自然的精华，饱含着生命的温度，是任何工业制品无法比拟的。好的泡菜和豆瓣酱，直接影响着火锅的色泽、香味和口感，只有用了自家做的这些调料，我们才能得心应手地做出正宗地道的乡土火锅。

泡家常还有一个重要调料，就是清油。在鸡火锅的发源地荣昌县，也是用清油炒制。清油炒过的鸡、肥肠，植物油与动物油充分融合，火锅会更香、更鲜，味更厚，而不油腻。我们用的清油，是用收购的农户的菜籽，自己送到榨油作坊压榨的。每年到了压榨菜籽油的季节，榨油作坊就挤满了送油菜籽来榨油的人，整个油坊弥漫着清油的香味，大家排队榨油、过滤，分装进油桶。这就是四川乡下地道的清油，用这个油做出的菜，保持着记忆中的味道，是无法用语言形容的感觉，大概就是人们常说的乡土味、家常味，想念中的小时候的味道。

我们到北京开火锅店，得到许多好友、老师、贵人的大力支持和帮助，心里深深地感动、感恩、感激。我们对食材、调料的严苛选择和固执坚持，也得到广大美食爱好者的理解和赞许。泡家常将一如既往地坚持初心，用优质地道的家乡食材，传统的制作方式，老老实实地做好火锅和家常菜，保持四川乡土本色，为热爱美食的朋友奉上好吃又健康的乡村川味。

饮馔笔记 董克平

黄门老灶火锅

　　火锅，尤其是麻辣口味的火锅，在川渝地区很流行，什么季节都能吃，什么食材都能烫。即使是在潮湿闷热的天气里，川渝地区也随处可见挥汗如雨同时狂啖火锅的景象。吃火锅已经成为川渝地区人们的生活习惯，甚至是一种生活方式，深深地刻印在他们的日常生活中。

　　比较川渝两地的火锅，个人更喜欢成都地区的。相比于重庆地区的大麻大辣，成都地区的火锅虽然也以麻辣为主味道，但是要比重庆地区醇和许多，比较适合能吃辣且不是以麻辣口味为主要口味地区的人们食用。麻辣减轻了，食物的味道丰富了许多，口感上也可以体会到不同食材带来的咀嚼快感了。

　　我这样说，肯定会被重庆火锅的拥趸"拍砖"，但这也是没有办法的事情。"食无定味，适口者真"，饮食体验实在是一件很个性化，多少有些主观色彩的事情。川味火锅起源于川东，川江上的船工是最早的发明者、享用者、传播者，从最早的瓦煲作为容器，船头江边随意烫食，到后来有挑担者走街串巷售卖，火锅在川东、重庆地区算是深深扎了根。不过上岸开店经营的火锅店形式，历史并不长，不过是民国二十几年的事情，换算到公元纪年，就是1930年代，也就是从这个时候开始重庆街面上才出现坐店经营的火锅店。川渝本是一家，作为川菜集大成之地的成都把重庆火锅拿过来，加以改造，便有了成都风格的火锅，并由此向全国输出。诞生于重庆码头的大麻大辣刚烈油重的火锅西行到了气候温和、地势舒缓的锦官城，性格温柔细腻的成都人自然要按照自己城市的特点对它进行一番改造。其中最大的变化就是降了麻减了辣，让重庆火锅呈现的刚猛气质在成都变得温顺柔和了许多。这大致和成都人的性格有关，和成都的地理环境、气候环境有关，更和成都人在饮食上

的挑剔有关。成都人的改变，丰富了麻辣的内涵，让川味火锅变得细腻，有了几分优雅妩媚。

重庆没有直辖以前，很多重庆火锅都是先开到成都然后以成都为跳板走出四川盆地的。这种传播路径和川菜形成与传播的路径基本一致。1997年重庆成为直辖市以后，这种形式与路径才开始改变，于是，川味火锅在大江南北流行开了……

重庆火锅拍摄的第一家店选在了黄门老灶。两年前，重庆女子艾洁来北京创业，在重庆朋友的引领下认识了京城黄门宴主人黄柯。在流水席即将结束的时候，艾洁也确定了自己在京创业的方向：开一家最能体现重庆饮食特点的火锅店。没过多久，黄门老灶重庆火锅店就在百子湾路口开业了。

艾洁对火锅店下足了功夫，

不仅炒料完全取自重庆地区，还请来了曾经获得火锅大赛第一名的母大厨担任厨师长，负责调味炒料，努力在远离重庆的京城，还原重庆火锅的本味。餐饮业是市场化进程最彻底的行业，东西好不好吃，很快就能得到验证，消费者的脚步就是决定存亡的利器。艾洁的认真执着得到了很好的回报，黄门老灶虽然"偏安一隅"，但是好的味道吸引了京城四面八方的来客，一时间顾客盈门，非预定就要排队等候了。

艾洁牛油用得多，辣椒选

得讲究，母大厨对火锅的认识深厚，料炒得透、炒得香，每次炒料的时候，母大厨都要在一个相对秘密的环境里进行，一个是可以心无旁骛地工作，另外呢，自己的秘方也不易外泄。在重庆，各家火锅都有自己的讲究、自己的特点，不同的特点吸引着喜欢这种口味的客人，说到底，无非是炒制的技巧和原料的选择以及比例，用的什么辣椒、花椒，牛油放多少、红油怎么制等等，大厨所谓的秘方或者秘诀也就是对这些的把握。如果辣椒、花椒等都用上等品，炒制时认真，火锅底料的味道就足、就香，烫食菜品自然味道就好了。恰巧黄门老灶的火锅就是一家很认真很讲究的火锅店，锅底鲜亮红厚，有一种丝绸般的光泽，随着锅底红浪翻腾，香气也就逐渐把客人引了进来。

老锅老灶的拍摄在鼓楼南面路东一个四层楼的阳台上进行，赶上今天北京天气不错，蓝天白云，远山清晰，鼓楼巍峨。不远处还有一群鸽子盘旋飞翔，微风将鸽哨声若隐若现地传来，好一派惬意的北京初秋景色。这般风景小时候很是平常也没有在意过，现如今蓝天白云于北京已是奢侈，再见如此之蓝天，心竟有些醉了。

餐厅的老板大军是北京人，自己对饮食有着非常固执的理解与坚持。只要是他认为不好吃的

东西、他不认可的味道，都不会在他的餐厅里出现。完全以个人喜好决定餐厅的出品是老锅老灶火锅最大的特点。认同大军口味的人会喜欢他的出品，不认可的，尤其是来自重庆、四川当地的火锅爱好者，对大军这套理论很不认同，但是这并不影响老锅老灶火锅的生意。我觉得，一个餐厅大致就像一个淘宝店，只要有一定数量的"铁忠粉"，就可以维持餐厅的运营并赚到钱了。而这一点在北京则是最容易实现的。北京是全国各个城市里餐饮业态最丰富的，每一种口味、每一种理念都能找到自己的"粉丝"，这也是大军敢于坚持依自

己口味喜好决定餐厅产品的底气所在。加上鼓楼、什刹海地区游人众多，餐厅的阳台可以近距离地和巍峨的鼓楼对话，优越的地理条件支持了大军的坚持，虽然老锅老灶的出品被四川、重庆的朋友认为不正宗，但并没有对老锅老灶的生意产生什么影响。

吃过老锅老灶的火锅，个人觉得景色无敌，但产品一般，即使是郑秀生大师特意将汤底做了调整，却还是无法体会到吃重庆火锅那种麻辣鲜香、酣畅淋漓的感觉。只是"食无定味适口者珍"，好吃与否是很个人、很主观的价值判断，我说的只是自己品尝的感受。

重庆火锅收官拍摄地落在望京地区的泡家常火锅店。据说老板是个食材供应商，所有的调料都是自己种的，剧组用二荆条做了一面装饰墙，红彤彤的

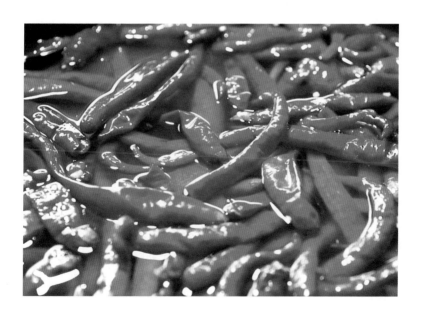

辣的气息跃然墙上。店家做的是烧鸡公肥肠火锅，黝黑发亮的铁锅里，红彤彤的汤汁煮着壮硕的公鸡和醇厚的猪大肠。烧鸡公是典型的重庆江湖菜，麻辣味重，材料新鲜。鸡公是重庆人对公鸡的叫法。散养的公鸡处理干净切成块，加上肥肠一起放到调好味道的底汤中煮食，客人把铁锅里的鸡肉、肥肠吃完，再来烫食一些毛肚、血旺、蔬菜等菜品。因为底汤基本采用的是重庆火锅的底料，因此也算是重庆火锅的一种，只不过是先吃鸡肉肥肠，再来烫食其他原料，是重庆火锅的一个地方版。泡家常的老板自己有食材基地，因此原材料的选择比较讲究，不管是火锅底料用的辣椒、花椒、泡菜、醪糟汁、菜油还是烫食的主要原料鸡公和肥肠，都是精挑细选，成品麻辣适度，口味鲜香，肥肠肥厚，鸡肉紧实，久煮不散。

重庆火锅滋味万千，各种调料、香料比例的不同，牛油、菜油量上的差别，让火锅滋味有了变化，当然还有老油的滋润。对于老油，我的看法近似于老汤，只是老汤只接触食物不接触消费者的筷子，老油除了食物之外，还有客人的筷子，这样就有了可能混入细菌、不健康的说法，但是老油也是千滚万滚的，什么样的细菌能在滚油里活着呢？不过重庆火锅这种吃食虽然市场欢迎度、接受度很高，我还是不太喜欢，在我看来味道过于霸道的吃食，于健康是好处不多的，太刺激了，味道也缺乏变化，失去了美食的意义。

三

包子江湖的那些事儿

美食大数据

Q & A

包子，这款由三国蜀地神人孔明无心发明的食物，流传一千八百多年，入得了田家舍，上得了天子堂。在中国恐怕是一种"普世"型食物，无论你身份高低贵贱，地处南北东西，包子可能都是你的启蒙性吃食。

流传得久了，就有了派别，江湖也就此形成了，如果说豆腐脑的派别争斗只是甜咸党划江而治，那么包子的世界就复杂多了……

Q1: 谁能领导面食世界？

尽管包子最初也叫馒头，但是当包子和馒头分家以后，就和饺子一起成为面食家族最受欢迎的三剑客，而包子又是独占鳌头。

Q2:包子江湖在哪里？

包子分布大江南北，没有界限，但东西南北各有各的特色。如果一定要排个序，北派代表是庆丰（主席套餐）和狗不理，南派则是小笼包和生煎。

Q3:包子江湖派系实力排行是怎样的？

北派包子的提及率整体超过南派包子的两倍有余，群众基础更稳固。从单个品牌来看，北派的狗不理和庆丰也是遥遥领先；提及率排在第三位的上海嘉定南翔小笼包也勉强超过北派的新疆烤包子。

Q4:提及庆丰包子有哪些感受？

庆丰包子借着"习大大"的东风一跃进入包子江湖的一线阵营，大有赶超老牌劲旅"狗不理"之势。提及庆丰包子感受排第一位的是"排队"，第二位的是"习主席套餐"，味道重要吗？

庆丰包子虽然发源于北京，

但搜索和成交指数最高的区域却是上海和江苏，充分证明了距离产生美！

Q5:最受欢迎的包子馅是什么？

竞争激烈的南北各大派系包子，都没有想到最受欢迎的包子馅竟然是豆沙包，排名第二位的竟是糖三角，第三位才轮到牛肉萝卜，多么"痛"的领悟！

Q6: 三家参赛饭店你知不知道？

开了一百五十多年的天兴居排在第一位，其次是在北京有一百五十多家店的眉州东坡，最后一名的泓泰阳开店没几年，在北京也仅有1家店，提及率不是"零"已属难能可贵！

编导手记

上菜——美食之媒

导演 赵雪莲

前两期的小龙虾和火锅基本都算是"舶来品"，近二三十年才从南方传入北京兴盛起来。这一期的主角不同，几百年前就是四九城里老百姓的主食，那就是包子。说起包子几乎家家都会做，可是大街上的包子铺生意还都不错，而且饭馆不论装修的豪华与否，菜谱的最后一页也都有包子的一席之地。所以，这一期拍摄对象的选择范围是前所未有的宽阔。我们这一组的老饭骨孙立新先生说包子从南到北、从国外到国内随便数数就有四十来种，而这次要拍摄的是最传统的猪肉大葱馅儿包子。孙大师推荐的包子铺叫天兴居，是家百年老店。

在天兴居拍摄最大的困难就

是收声。这个300平方米的小店从早上7点到晚上8点，几乎一直处于满员状态，店里热闹非凡以至于取包子的客人都得竖着耳朵听广播，才不会错过刚出锅的热包子。为了保证拍摄采访的声音质量，我们只能晚上9点以后开工，每次拍摄结束几乎都是凌晨三四点钟。天兴居出品负责人郑建华师傅基本上就不回家了，因为早上5点，他就要开始为店里最早的一批客人准备包子了。

在拍摄天兴居的包子之前，我们的拍摄都有去食材的故乡拍摄的行程。天兴居包子是我们第一个没有到外地拍摄的题材。因为这个有百年历史的包子几乎所有的食材都来自北京本地，是土生土长的本地美食。我们拍摄的时候发现一个有趣的现象，那就是每天早上来的第一拨客人都是爷爷奶奶级别的，六十多岁的都算年轻的食客了。经常有七八十岁的客人主动跟我们讲，从小就吃天兴居的包子，就喜欢这口，几天不吃就想这个味儿。

这个神奇的"味儿"，自然就成了我们的拍摄对象。

天兴居包子

这个神奇的"味儿"掌握在郑师傅手里。

郑师傅今年45岁，是天兴居的传承人，之所以能成为一个百年老店的味道掌控者，是因为他复原了一百多年前天兴居包子的味道。郑师傅每天最重要的工作是做酱油。

对于这一点，我们的感觉开始是好奇，后来是神奇，最后是敬畏。

一个天兴居的包子里有20克馅儿，水占了6克，6克水中的酱油才是这家百年老店的主角。而现在符合天兴居老味儿的酱油太贵，在企业运营成本内的酱油又不是那个味儿，为了不变味儿，郑师傅经过上百次实验确定了用5种调料自己调制酱油的方子，虽然麻烦，但是为了传承百年的老味道，为了每天来吃包子的白发食客，郑师傅只能坚持，坚持把大家记忆中的味道传承下来。一个小包子后面有这么多艰难和坚持是我们没想到的。

拍摄过程中我们发现，对于郑师傅的坚持，为天兴居提供了几十年酱油的供应商金狮酱油厂并不知道。于是摄制组

有个大胆的想法，请金狮酱油的制造者来天兴居吃包子。一吃之下，这俩合作了几十年却从没见过面的老朋友成了好朋友，制造酱油的专家检测了郑师傅自己配制的酱油，发现其实天兴居的老味儿其实来自丰富的氨基酸态氮和明亮的酱色。郑师傅每天做的就是把现成的酱油改造得颜色明亮、酱香浓郁。为了保证这一点，老字号天兴居要多采购调料，增加人力，还得根据季节来调整配比。酱油专家提出，他们愿意帮助郑师傅解决这个问题，专门为天兴居制造一种酱油。

根据量化标准来为包子店定制酱油，这是百年老店天兴居遇到的新鲜事儿。郑师傅说以前想都没想到，困扰自己十几年的难题，就这样解决了。原来历史的传承不是固守传统，而是借力打力，让传承变得不再艰难。酱油厂也发现，酱油新品的研制不能忘记味道的本来面貌，更大的市场其实是在本地人的味蕾记忆中。

而这些微妙的感悟和变化，在"上菜"之前，在唇齿之间。《上菜》，让味道的传播不再孤单。

寻觅
顶级食材

"上菜"之在路上的觅食

泓泰阳 刘新

人生就是一场觅食（《上菜》节目的画外音），这是节目里我最喜欢的一句话。在今天大家已不愁吃喝，见怪不怪的社会生活中，作为餐饮人，用什么去吸引客人呢？包括此次参加《上菜》节目之"包子"。包子看似制作简单，江湖性强，但往往简单的东西里面有大学问（虽然我们泓泰阳的包子已经很好吃），拿什么样的包子备战、备料才能脱颖而出呢？于是作为云南人的我带着任务、压力和信心去云南，深层次寻觅最好的食材。怀着复杂的心情，一路直飞美丽家乡云南昆明。到达云南后，还有一个身份（云南餐饮美食协会秘书长）的我，马上召集云南餐饮界同仁咨询，寻找我所急需之食材，大家在明

白此次我的任务后，你一言我一语地给我出主意，找途径，经过大家讨论研究后，最后一致决定了食材的定性——用云南野生菌、冬瓜猪来制作包子馅料。云南野生菌众所周知，首先人工不能培植，口感鲜美，营养上乘，而冬瓜猪我只听过其名，而未见其真面目，菌能找到，而冬瓜猪未必能找到。但老天挺眷顾我的，老友袁总"从天而降"帮我解决了大问题，他刚好有一个朋友在遥远神秘的西双版纳，任地方领导；据他朋友介绍，有个叫景讷乡的地方，有此猪种，并且已规模养殖，出发，马上出发，此时的我心已飞到了那美丽的孔雀之乡——西双版纳。

经过一路艰辛的长途跋涉，我和来自北京电视台的"哥们"（一路上的了解与相互帮忙，我们已成为好友哥们，忘了我们当中还有一名"女汉子"，她叫崔露……）终于到达景讷乡，美丽的热带植物，洁净的空气，质朴勤劳的傣家人和秀美的竹楼寨子……已呈现在了我们眼前，但此刻我最想见到的是"它"——冬瓜猪。

就在这时，猪老板"玉旺叫"——一位傣家勤劳能干的当地女企业家飘然而至，让我们见识了什么叫生态养殖，什么叫肉质鲜美的猪肉，包括运输、冷藏等环节都很有特色。此行仿佛做梦一般，出奇地顺利！最后在傣家人民的祝福和敬酒的歌声中结束了西双版纳之行。

回昆明后，接着寻觅另一食材——野生菌。在云南菌王林老板的帮助下，我们一行人扛着"长枪短炮"驱车来到离昆明一百多公里的深山中。不期而遇的一场暴雨打乱了我们原定的计划，大家在深山中间，采菌人搭的草棚里焦急地等待大雨的停止。一个钟头后，仿佛老天被我们的真诚和用心所感动，雨过彩虹现。一颗颗青头菌、鸡枞菌、奶浆菌破土而出，迎接我们的到来，大家随即开机拍摄，挖菌，虽然山地泥泞，道路湿滑，但大家当时的心里充满了快乐、兴奋和好奇，这种觅食到好食材的心情真是不能用语言来表达。感谢上苍赐予我们这么好的食材，我们有什么理由不去爱我们的土地，自然环境和身边的人、事呢？

此次觅食路上的一切，成为我人生当中的又一重要经历，不管比赛结果如何，我都真诚致谢《上菜》栏目，是你让我觅寻到了好朋友、好食材、好老师……

泓泰阳包子

破酥包——《上菜》的三十分之一，来自云南诚意的全部

导演 孙岩

《上菜》第二季第三期主题"包子"，我负责泓泰阳餐厅的破酥包子。说起这家主打云南菜的餐厅加入本季《上菜》，其实是件颇有缘分的事。

泓泰阳是由董克平老师推荐的餐厅，而这家餐厅，其实我早已是常客。我参与的另一档节目《幸福厨房》，几乎每月都会在泓泰阳的对面影棚录制两到三天，而这两三天，幸福感满满的破酥包子再配上一碗小锅米线，几乎是我工作之余的标配。

我与老板刘新的认识，其实是在《上菜》第二季启动之后。之前的两年，我之于这家餐厅，只是一个骨灰级的食客。确定这个选题，我通过董克平老师与刘新见了面。第一次聊天，我就知道，这个人，对了。

第一句话，我对他说："我其实是有私心的，我爱死你们家的包子了。"而他对我说："你这个人，会吃。"就这样，我们成为了朋友。

刘新早年学厨，而后创业。听他的讲述，当年第一次下海，满盘皆输，后来借钱开了家包子铺，专卖母

亲传授的云南破酥包子，靠着包子再起了家，后来到北京开餐厅。刘新如今已是云南省餐饮美食协会的秘书长，无论是年龄，还是以我在美食媒体的资历来讲，我实在是要叫一声老师的。可确实，他的随和，实在难让我俩的交流成为一件非常严肃的事。但毕竟，这又是一场比赛，我的私心在于，我希望泓泰阳呈现最好的包子，我希望泓泰阳可以赢得这场胜利。

于是，我们商量着，还有哪些可以提升，随后决定跟刘新回趟云南。他想看望他的母亲了，蘑菇又值当季，可以去采集新鲜的菌类。我能想到的是这会是一场不太容易的旅程，我没想到的事，还在后面。

节目里，提到了泓泰阳的破酥包子在这次更换了云南本地的一种猪肉，俗称冬瓜猪。这个品种，是刘新在北京就告诉我的，可是这个连他也只是听说过的品种，对于我们来讲，即使到了云南也是大海捞针。有这样一句话，吃在北京，味在四川，而食材在云南。

对于一个西南大省来讲，食材种类之丰富难以想象，要在这么广袤的土地上，找到一种食材，其实不是件容易的事。我们到达昆明，在车上颠簸了一整天才到达西双版纳，又经历一天的山路，才找到中越交界的景洪县。

没人能预料到，这一隅的猪肉可以空运到北京，品质非常好，简单烹调，即是一道好菜。可是这里的猪肉，价钱也偏高，内心算了笔账，一旦更换，刘新的包子成本要翻上一倍有余。而作为包子这种平民美食，再涨价已无可能。没想到，刘新只有一句话："好吧，你要给我足够的量，我北京餐厅所有的猪肉，都要用你这里的冬瓜猪。"只这一句，魄力就足够让我敬佩了。

电视真人秀，其实对于导演来讲，也是一种真人秀。我们在故事有了大方向的前提下，在拍摄中也是一种随机的创作，食材找寻的过程充满未知，我们也在镜头语言中表达一种旅途的真实性，这样做其实大大增加了素材量，但是对于一个真实而又情节丰富的故事来说，只有这样的做法，才能最大限度地保持一种自然的逻辑。

我们每期三组导演，其实也是在做一种博弈，谁都希望自己的餐厅可以拔得头筹。把猪肉带回北京，我内心觉得，这一战算是胜了一半。改面皮，改馅料，改调味，所有的进展似乎挺顺利，只等待比赛的那一天。但让我发愁的，却是战友刘新。他依旧无所谓的样子，忙着让厨房的人，把菜式根据新的猪肉做调整，好像在他看来，比赛不是件重要的事。

根据抽签顺序，泓泰阳的比赛是三家店的最后一个。天兴居的猪肉包子，眉州东坡的芽菜包子，每个都是强悍的对手。其实包子对于北京人来讲，有广泛的群众基础，北京人爱吃包子，而我对破酥包的

口味充满信心。可是这样一款充满云南特色的包子，能不能被评委认可，我直到比赛当天，仍然悬着心。

一早，灶台上铺着沾满露水的芭蕉叶，云南空运来的新鲜菌类码放在上面，还有着星星点点的鲜花。我们把灶台变成了一角云南雨林。而在制作的过程中，破酥包带着西南气息的制作过程，也给了所有人惊喜，和面，刷猪油，炒制馅料，这些让节目里带着细节美感的镜头，其实是我见证了泓泰阳之后，在私下反复沟通了很多遍的成果。

足够证明包子好吃了，我想。可是比起另外两家来，这种认知度还比较低的美食，要建立起一种情怀，是更难的事。还好，主持人梦遥正是个云南人，同时也是《幸福厨房》的主持人，这里的包子对于她来说，也是再熟悉不过的味道。正是这种代入感和熟知，几位评委在现场碰撞出一种浓浓的家乡情怀，我知道，这是我想要的，到了这一步，无论输赢，能把云南的风味传递到北京，把餐厅的一角转换了一种气息，就已经是一件成功的事。

最后的投票结果暂且不表，我只记得在后边的采访里刘新也说："输赢还重要吗？我找到了这么好的猪肉，几位大咖尝了我们家的包子，我很知足了。"

他直到最后仍是个这样的人，简单执着，用简单的包子，打动所有人。对于这一道占《上菜》的三十分之一比重的包子，他已经奉献出了云南情怀的全部了。

《上菜》第二季给我工作生活平添许多乐趣

眉州小吃总厨　朱志祥

当初通知我代表眉州东坡参加《上菜》节目，我还真有些忐忑，虽然1999年我师父研发了这个眉州小笼包，经历了十几年大众食客的检验了，但要现场接受几个专家评委的检验，这还是头一次。

吃食是一种幸福，品味是一种情趣，而透过视觉感受词汇中的麻辣咸甜更是一种快乐。

能吃者得到一份暖胃的享受；会吃者找到一份心的平静。

包子（中华传统食品）是中国汉族传统面食之一，据《事物纪原》载，诸葛亮南征孟获，在渡泸水时，邪神作祟，按南方习俗，要以"蛮头"（南方少数民族的头）祭神，便下令以麦面裹牛羊猪肉，做如人形以祭，始称馒头。实际上这就是最初的包子，算起来，中国人吃包子的历史，也有一千七百多年了。馒头原本是有馅的，后来为了区别，才将无馅的称为"馒头"，有馅的称之为"包子"。馒头之有馅者，北人谓之包子。包子一般是用面粉发酵做成的，大小依据馅心的大小有所不同，最小的可以称作小笼包，其他依次为中包、大包。

在《上菜》第二季"包子"那集播出的第二天，在我们的店里客人来了点眉州小笼包的比平时略多一些，还真有慕名而来的，结果听有些店长反馈，尽是中年以上的家庭主妇打听我，这消息传到集团，现在我被大家笑称为"中老年妇女的知音偶像"，还有一个雅号"朱教授"，也是由于播出后赶上孔子学院外国留学生现场跟我学做包子，网上盛传了一篇当时很萌萌哒的漫画版活动报道后而来的雅号。

另外在节目播出后，我们集团还组织了包子达人比赛《包你一辈子》，挑战我们的包子小达人。这小达人最初因为年纪小，也没经历过这种活动，很紧张，第一次上台比赛，脸红红的，与参赛选手合影时，都不太知道如何笑，但几场比赛下来，不仅合影很会镜头前表现表情，而且很有小明星的范儿了。在《上菜》第二季的总决赛现场拍摄，丝毫不见镜头前紧张，与主持人现场对话也驾轻就熟，但截止至今还没有能挑战成功呢，大奖是终身免费吃眉州小笼包，我很期待。

所以参加《上菜》第二季后，带来的不仅是奖项上的殊荣，更多的是带给我额外的一些工作、生活方面的收获，让更多人了解我们的眉州小笼包，也让更多人了解了我。我只是万千厨师中的一员，能让普通百姓从节目中了解到我们厨师有时为一道美味的菜品能达到极致，不惜背后探讨研习付出很多，所以我很感谢《上菜》节目。

眉州东坡包子

董克平

今天开始拍摄北京老百姓喜欢的一种食物——包子。虽然说南米北面，但是包子作为面食的一种，却是大江南北的人们都喜欢的食物。包子最早叫馒头，也叫馒首，馅心有甜咸之分。诸葛亮平南渡泸水遇风浪，当地土著要用人首祭奠才可平息，诸葛亮不忍，命军士用面做人形面首糊弄河神，军队平安过泸水，才有了七擒孟获的故事。馒首=馒头，从此流传下来。包子的名称最早见于宋朝，曰：馒头有馅者，北人叫包子，从此，包子从馒头中分离出来，成为一种独立存在的面食佳品，并演化出多种形状，各地都有自己的名品包子！山东的酱肉大包，扬州的三丁包子，成都的韩包子，淮安的蟹黄包，开封的灌汤包，江南的小笼包，北京的猪肉大葱包子，新疆的烤包子等等。南北方不同的是，北方把包子当主食，南方则是把包子当作点心。

今天在泓泰阳拍摄云南的一种包子，由于在面皮的制作中加入了猪油，让包子皮变为一层层的，有了扬州点心千层油糕感觉。破酥包子在云南汉族面点中非常有名，1903年玉溪人赖八在昆明摆摊售卖。面用的是低筋粉，馅料用酱肉粒、肉汁浸过的香菇、白糖、蜂蜜等调制而成，不可缺少的调味品是昆明的拓东甜酱油。蒸制时对火候的要求很高，旺火猛催，一气呵成。这样蒸出来的包子饱满洁白，收口微开，香气四溢。吃到嘴里油而不腻，柔软松酥，满口盈香，给人一种不咀嚼就融化之感。

泓泰阳制作的破酥包子在原有食材的基础上，加了云南的野生菌菇鸡枞、松茸、牛肝菌等，猪肉用的是产于西双版纳的冬瓜猪，在食材的选择上可谓是精挑细选，用最好的材料做好吃的包子。成品选料认真，制作精细，馅心考究，层次分明，柔软酥松，油润不腻，甜咸适宜。这样的包子才算是好的破酥包子。

关于破酥还有段故事。赖八卖包子出了名，吸引了很多昆明人品尝。一天一个小孩吃包子时不小心把包子掉到了地上，包子皮酥破成了几瓣，小孩子刚要哭，赖八灵机一动，马上拿了一个新包子给了小朋友，小朋友破涕为笑，赖八则从包子皮的酥破形状得到灵感而把自己的包子叫成"破酥包子"。从此，这种好吃的包子有了名字，到今天已经一百多年了。如果你喜欢吃包子，到云南是不能错过破酥包子的。

工业化、标准化是连锁餐饮企业必须经历的，相比于社会化的大工业生产，中国餐饮的工业化进程已显得有些落后了，麦记和肯大叔在这方面走得比较远，建立起世界范围的餐饮帝国，也赢得了巨额的利润。工业化的生

产是在巨大的餐饮需求的压力下诞生的，满足了很多人吃饭的要求；标准化解决了产品水准参差不一的问题，尽可能地做到了各个门店的出品味道一致。对于大部分外出解决吃饭问题的客人来讲，工业化和标准化为他们提供了味道统一的食物，缩短了寻找餐馆的时间，是这个工业化时代必然的结果。由于中式烹饪的模糊性和不确定性，人们觉得标准化生产的食物在味道上会有所损失，完全手工制作的食物，味道上要比标准化、工业化的出品好许多。在我看来，这是两种不同的诉求，而且工业化、标准化的出品，味道不一定差。只是因为标准化让烹饪因制作者的随意性产生的差异缩减到最少。在眉州东坡的中央厨房拍摄芽菜包子，几次认真品尝，标准化的包子很好地保持了四川熟馅包子的特点，油润，芽菜香、花椒香味若隐若现，因为加大了芽菜的用量，克服了旧日包子油大的现象，更因为是老肥发面，能吃到浓浓的面香。这里的工业化，只是在可以利用机器减少人工使用的环节使用了机器，包包子还是人工进行。这种机器与人工的结合，大致就是中国餐饮工业化、标准化的一个代表形式，一种普遍现象的缩影吧。

四

小海鲜战斗集群

美食大数据

Q&A

Q1：小海鲜大众提及排行榜是怎样的？

小编一直以为"虾兵蟹将"最能代表小海鲜，没想到大众提及率排在第一位的是"鱼类"，其次才是虾和蟹，鱼类也许因为太平民化已经让人忘了它也是海鲜？

在鱼类中，最多提及率的是黄花鱼和"鲍鱼"（对不起，计算机系统还没有人性化到识别鲍鱼是贝类，纠正这一错误以后，贝类的提及率将提升1.09%，鱼类下降1.09%，请大家自行计算，基本上不影响总排行榜的顺序）。除了黄花鱼，黄鱼和三文鱼也有不错的成绩。

在虾类中，所有的海虾都败给了来自淡水湖泊的"小龙虾"，所以《上菜》栏目果断为小龙虾单独做了一集，并且首播。海虾中最博人眼球的是"基围虾"和"对虾"，再次才是高大上的"大龙虾"。

蟹类中，梭子蟹当仁不让，拔得头筹。

螺贝类品种丰富、数量繁多，最得人心的是：扇贝、蛏子和生蚝。它们的提及率均大幅度超过鲍鱼。

Q2:你最喜欢啥口味的小海鲜？

海鲜的鲜甜搭配重口味的麻辣，层次感瞬间提高数倍，麻辣无容置疑成为小海鲜最受欢迎的烹调口味，铁板、清蒸都远远不及。

Q3:谁是小海鲜的最佳搭档？

你猜对了，花生、毛豆稳居两强，其中花生君又以比毛豆君高将近3倍的优势独占鳌头，完全是夏日大排档的经典搭配！饮料也延续了夏日大排档的风格，啤酒一枝独秀，完全不畏惧什么痛的危险。

Q4:吃小海鲜有哪些美丽心情?

看看大家吃小海鲜的心情关键词:除了好吃、喜欢、鲜美、幸福等大陆化的美好感受,也有人吃出了"生猛"、"惬意"、"阳光"。总而言之,小海鲜这种让人心情愉悦的食物很难使人有什么负面情绪,包括高胆固醇对身体可能的伤害,仅有万分之四的提及率。可见吃小海鲜令人乐而忘忧。

Q5:三家参赛饭店你知不知道?

一锅、鲜鼎香、嗨餐厅知名度按照从高到低顺序,对比之前的参赛饭店,差别并不是特别大,即使排在最后的嗨餐厅也有一定的知晓度,实力相近,比赛更惨烈!

编导手记

大隐美味

导演 赵雪莲

这一期的题目推敲起来很有些意思——"小"海鲜。海鲜,对于北京这样的内陆城市来说,一直都是大菜硬货,记得小时候逢年过节吃点"带壳的",都是按人头、论个儿分,从来没有一次吃痛快过。恐怕这也是海鲜留给大多数北京人的印象吧。可是一旦在前面加个"小"字,莫名就拉近了大菜和老百姓的距离,变得亲切起来。也因为如此,这次的拍摄对象选择起来变得非常容易,就两个标准:一是便宜,二是制作方法要简之又简。

本着小海鲜的要求,我们这一组确定了海鲜烧烤的菜品。这次孙老师推荐的是三里屯一家韩

一锅小海鲜

国小店，中文名字叫一锅，英文名字叫SSAM。老板叫安贤珉，是地地道道的韩国人，也是个中国通。他说得知参加《上菜》节目，孙老师还要给来调菜，比当年求婚还紧张。而孙立新先生也是非常担心："我说中国话安大厨听得懂么？是不是得来个翻译啊？"还和安大厨半开玩笑地说："你们家这个韩国菜，我们中国厨师来给调菜，合适么？"安大厨说："得嘞，孙老师您受累！"

这种气场我们摄制组还真是第一次见。

孙立新先生是咱们中国的顶级厨师，是鲁菜的传承人，各种国内的、国际的专业称号和奖章拿到手软，也多次给国家领导人设计菜单并主厨，可以算作是新时代的首席御厨。和孙先生一起拍摄《上菜》

几个月来，各种菜品一直都是手到擒来、不动声色，于无招之间为美食增味添彩。这么客气真是少见。

特别容易害羞的安大厨也是大有来头，每一段经历都是从事厨师行业的梦想。希尔顿酒店总厨、首尔W酒店的行政总厨、迪拜阿拉伯塔酒店意大利餐厅厨师长、为朴槿惠访中期间提供午餐……这一路走来，金光闪闪。

就是这样一位大厨，现在用"比求婚时还紧张的"的心情开始了"上菜"之旅。

安大厨先拿来一个黑色的皮箱，里面全是专业的刀具。这一套刀价值两三万，每一把刀都有自己专门的用途。安大厨为《上菜》节目设计了海鲜烧烤套餐，要用韩国的酱料在炭火上烧烤鲍鱼、扇贝、八爪鱼、蛏子、生蚝。看起来很简单。但是，在安大厨处理海鲜的时候，孙立新先生有意见了。

安大厨是韩国浦项海边小村的人，从小就在海边长大，他们吃海鲜都连壳里面的海水和液体一起吃，认为这个很香甜。做完了的鲍鱼

也是绿色的。因为鲍鱼是吃海带的，所以胃里的东西也都很有营养。而在孙大师看来，这些都属于处理不够彻底，会影响出品的味道。

安大厨认真地听完孙大师的建议，只说了俩字："重做。"

干脆得孙大师直冲着我们点头笑，说："合适么？"

安大厨处理食材的时候，一句话都不说，可是我们是真人秀，需要主人公实时地来分享自己的想法和心情。可是我们提示了好多次，安大厨完全沉浸在自己手里的工作中。

孙大师说："安大厨属于不疯魔不成活的那种人。"让我们不要打搅他，"我多说点吧"。

安大厨的烤海鲜用的是韩国的3种酱料，分别完成甜、辣、糯的任务。烤的时候，孙大师说："小安，跟你商量点事儿啊。"安大厨："您觉得差哪儿？"孙大师提出了两个建议，一是酱料得如此这般改良一下。二是要做减法，把烤海鲜的种类从5种减少到1种，只保留扇贝。因为这个最简单，也最大众。另外，可以试试烤带鱼，这个是北京人家家餐桌上的熟面孔。要是实验成功，那就开发了一个新菜，因为北京没有烤带鱼。

安大厨说："烤带鱼我们韩国有，但是只抹盐，不过这个对带鱼的新鲜度要求很高。"孙大师说："你还用你的秘制酱烤，先烤一个试试。"

安大厨私下里说，抹酱还真没试过，不过有自信，能烤好。

对于面前发生的一切，我们能做的只有纪录。因为这两位大师之间的对话，我在现场实在插不上嘴。只是觉得中韩两位大咖之间的碰撞，一定是目前所有美食节目里前所未有的，我们无意中，成了京城美食历史的记录者和见证人。

中韩两位顶级厨师联手开发的小海鲜烧烤，我们吃过了，很特别，这是真正的京城独一份的美味。

在这里，我们第一次看到孙大师拿起手机，为厨师的出品照相。

在这里，我们第一次看到来自不同国度、不同文化背景的两位顶级大厨合作创造新菜。

在这里，我们又一次看到大师们用减法为美味增彩。

这样的美味，静静的闹市中的一家小店里等你。

老张以前不是厨师，是个商人。从家乡福建长乐县来到北京闯天下，几起几落之后，决定开个小饭馆重新定位自己的人生，于是京深海鲜市场的边上有了一家名字叫"鲜鼎香"的十几平米的小饭馆。海鲜市场里有很多福建人，老张便把家乡风味作为自己的主打菜式，因为就在海鲜市场边上，每天都能拿到最新鲜的原料，灼一下、炒一下、汤水氽一下，鲜生生、水灵灵的，很受家乡客人的喜欢。远在干燥的北京能吃到熟悉的家乡味道，让京深海鲜市场的福建商人心有威

戚，小饭馆的生意旺了起来，老张也找到了自己的乐趣。

前行路上有坎坷，小饭馆生意兴旺大概遭到了老天的嫉妒，或许是要磨练老张的意志与韧性，京深市场的一次失火，波及到了老张的鲜鼎香，虽然没有直接损失，却被要求迁移，找地重开张。老张咽下了这口气，索性在市场外找了一个1000平米左右的场所开了家大店。这时学网络工程的儿子小张大学毕业也来了北京，协助老爸重新创业。根据自己餐厅和海鲜市场近便以及南方人喜欢喝粥的特点，老张的

新店主打潮汕风味的海鲜粥。为此，老张十几次南下深圳虚心学习煲粥的技艺，钻研陶煲的物理特性与大米从粒化为粥样之间水量、时间、火候的关系，在这一点上，作为工科大学生的儿子小张也有不小的贡献。

关于味道，老张说，他做的就是妈妈给他做饭的味道。他说，他是和他妈妈学的，儿子是和他奶奶学的，妈妈与奶奶在这里是一个人，因此做出的菜品也就是妈妈的味道。社会前行，世事变化，记忆中妈妈的味道却是永恒不变的，那一缕乡情的注入，鲜鼎香的菜品让周边的福建人、潮汕人、广东人有了暂缓乡愁的去处，鲜鼎香的生意逐渐兴旺起来。

现在，老张一家都到了北京，一家人一起漂在北京，共同努力做好这家餐馆。为了拿到

鲜鼎香小海鲜

最新鲜的原料,老张坚持每天早上4点钟去市场里搜货,每一只龙虾、螃蟹、海鱼都要亲自验货,常年下来,海水的侵蚀让老张的右手比左手粗糙了许多。儿子多次想代替他去拿货,老张有些不放心,不是怕儿子的水平不行,而是担心儿子不会像他那样细致。说到这里,小张也有些无奈,只有等待老张愿意放权的那天,才能替老爸分担了。

老张为我们炒菜时,手法很是熟练。北京饭店的行政总厨郑秀生大师问他不是职业厨师怎么手法像个专业的厨师。老张说,做了几十年了,不像也学得差不多了。说完,老张脸上有了一丝羞涩。认真与坚持,大致就是鲜鼎香成功的重要因素吧!当然还要看到老张对家乡味道的热爱,以及海鲜粥翻滚时散发出的无法抵御的香气。

五

围炉品烤鱼

枯荣之间的美食传承

导演 赵雪莲

《上菜》一共10道菜，这次是烤鱼，赛程过半。中国人有逢五一小庆，逢十一大庆的说法。把烤鱼放在第五期，原本是无心之为。可是谁也没想到，这期烤鱼会成为《上菜》中最厚重的一集，而让所有参与拍摄的人，从此以后对一道菜，有了情结，让这一集的播出，成为一个特殊的纪念日。

这次孙大师推荐的烤鱼馆锦尚阁，在闹市中的一个小胡同里，要拍的是80后美女老板自己创造的宫保鸡丁烤鱼。创造这

个菜的原因很简单，她喜欢吃宫保鸡丁，也喜欢吃烤鱼。于是就在烤鱼上加了宫保鸡丁。虽然卖得还不错，但是对于我们拍摄者来讲，实在是头疼之极。

看过我们前几期《上菜》的朋友都知道，每次我们都要去寻找更好的食材、更讲究的调料，在烹饪大师的指点下，提升参赛菜品的水平。可是，这家烤鱼的鱼是附近菜市场给送的，鸡肉是超市买的。所有调料都是在北京市场买的。我们和80后美女老板商量了好久，都找不到拍摄点。而且这道菜的制作过程也非常简单，就是烤好鱼，再炒一个宫保鸡丁浇在上面而已。烤鱼和宫保鸡丁又都是非常成熟的菜品，烤鱼早就是京城美食圈的过去式，宫保鸡丁倒一直都是大家餐桌上的"红人"。不过，这家都是大众做法，技巧上可以展示的也毫无特点可言。怎么设计镜头，都缺少视觉冲击力。

拍什么，成了我们最大的问题。

　　几经推敲，孙立新老师觉得这个菜有个可以从技巧上挑战的点，那就是如何让宫保鸡丁和烤鱼有机结合，你中有我，我中有你。最大的改造对象，就是烤鱼上的宫保鸡丁。可是老板唐棠对自己的这道菜非常有信心，因为每天二十多张的点菜单摆在那里，她觉得这道菜不需要再改，可以直接参加节目，和其他两家较量。唐棠自信地让厨师给孙老师做一道宫保鸡丁烤鱼。

　　开拍的时候，还是夏末秋初时节，胡同里邻居晾着衣服，不知谁家的狗总躺在胡同小路正中间懒洋洋地追着一块阴凉地儿休息。偶尔两三位老人家坐在大杂院门口对着一盘棋发呆。没到饭点儿，麻辣烤鱼的味道就开始在胡同里横冲直撞。路过的人或者邻居，谁也不知道这家烤鱼小店的后厨，正在发生什么。我们五六个人窝在狭窄的后厨，孙立新老师隔着案板够着看厨师炒宫保鸡丁，摄像和灯光老师贴着站在灶台和炭烤箱之间的缝儿里。三脚架无处安放，机器只能抱在怀里。

　　而这些都不重要。重要的是，我们第一次看见孙立新老师发火了。

　　原因是炒宫保鸡丁的师傅操作不规范。其实这位师傅炒的宫保鸡丁味道还不错，小荔枝口的大众味道。但是在孙老师眼里，葱切得不对，放各种调料的时间也不合适。孙老师平时说话声音不大，语速也很慢。可是这次他虽然声音还是不大，但是越说越快，连珠炮似地说出了厨师很多问题。厨师也感觉到气场不对，紧张得连花生米都没准备。自信的唐棠觉得很丢人。现场气氛变得很尴尬。

　　孙立新老师坚持自己的观点，宫保鸡丁要改。

　　唐棠问怎么改。

　　孙立新老师说，改回100年前的宫保鸡丁。

　　我们听了心头一亮。"改回"？宫保鸡丁的原型莫非不是小荔枝口？现在是2014年，100年前是1914年！难道我们抓到宝了？哪个节目里能出现100年前的味道？

　　这就是我们这集的拍摄点了。

但是唐棠却非常担心，她觉得谁也没吃过这个100年前的宫保鸡丁，是什么味道，谁也不知道。

孙老师说："我带你去见一个人。他今年92岁，是我的师父。"

孙老师的师父姓庹，叫庹代良，1922年生于重庆。12岁学徒，15岁时出师炒菜，有过在战士荷枪实弹监督下炒菜的传奇经历。1956年，周总理安排庹老从重庆来到北京，任前门饭店总厨师长。一路走来，国共两党的领导人都当过他的食客。新中国成立10周年大庆的万人国宴，也出自庹老之手。

一路听着孙老师介绍庹老，我们到了北京南城的一个普通小院，这样传奇的庹老就住在这里一栋六层楼的顶层。我们气喘吁吁爬上楼，门已经打开，一位操着浓重川音的老人，站在门口，笑眯眯地和我们打招呼。说我们平时太忙，缺乏锻炼，他自己每天还上下楼好几次遛狗。亲切得像自己的爷爷。

我当时忽然觉得庹老特别像金庸笔下的枯荣长老。九十多岁的外表，二十多岁的心。

庹老有条秋田犬，看见孙老师很安静，摇着尾巴求抚摸，倒是对我们十分有意见，总是汪汪叫着假装要扑我们。庹老的儿子跟我们说："别害怕，一会儿我带它下楼玩去。"这倒是一口地道的京片子。

孙老师说明来意，想让唐棠尝尝宫保鸡丁的老味儿。庹老非常干脆地就答应了。我和摄像以为怎么着也得多申请一会，这么干脆就同意，会不会显得有些假，像事先安排好的？不过，老爷子说起宫保鸡丁稍显有些激动。他说他小时候根本就没吃过甜酸口的，现在的宫保鸡丁属于改良版，是创新菜。100年前的宫保鸡丁是麻辣咸鲜，讲究五味调和。讲究盘子里的东西一样大、不同味儿、色要亮、肉要劲、花

生脆。当年他师父做这道菜，在当地是相当有名。

说着说着，老爷子就站起来，往厨房走，要给我们炒一个尝尝。

92岁的国宝级厨师，要给我们炒宫保鸡丁，我想，这应该是我这一集最大的亮点。

我想把镜头拍得美美的。

可惜庹老家的厨房实在不是一般的小，庹老一站进去，给摄像也就留了不到1平方米的空间。两台机位都只能拍到庹老的后脑勺，我们只好固定在煤气管道上，拍摄庹老的整个操作过程。

这一段素材很短，只有4分51秒。

庹老托着刚出锅的宫保鸡丁让我们尝，我们说："等等，您托得高一点，我们得来个定妆照。"老爷子笑眯眯地说："啥子定妆照？""好！"

播出时，观众朋友可以看到这个庹老托着宫保鸡丁的镜头。

当时我们都闻见了带着锅气的香味。

要不是摄像紧拦着，还没拍完这盘菜的特写，就被大家尝完了。

但还是拦晚了，拍特写显得盘里东西有点少，只好请庹老爷子加点花生米，再回回锅。播出时，大家看到的特写就是这样来的。拍完特写，那盘加了花生的宫保鸡丁被现场工作人员秒杀。我只吃到了一筷子。

庹老说再给我们炒一份，不过，家里没有准备那么多鸡肉。老爷子说："下次，下次你们都来，我炒一大盘。你们吃完，再打包回去。"我说我要拿一个大大的饭盒来。

不久后，深秋的一个傍晚，我还在山东出差，拍摄寻找最古老的煎饼。在山里，接到了孙老师的电话，庹老无疾而终，享年92岁。一代国宝级大师，就这样离开了我们。

至此，那段只有4分51秒的素材，成了川菜传奇庹老爷子最后的影像。我们舍不得吃的那盘宫保鸡丁成了绝唱。再给我们炒一大盘让我们吃个够的约定，再也无法实现。

唐棠下了一个决定，要把这样特别的宫保鸡丁放在自己的烤鱼里。这将是她的小店锦尚阁的魂。然而在老爷子那里，唐棠只看了一次，她不是厨师出身，该怎样将这独一无二的宫保鸡丁搬到自己店里呢？孙立新老师说："我来教你。"

唐棠说："我学。"

唐棠是一张白纸，学炒菜自然不是一般地艰难。比赛越来越近，唐棠练得很狠，膝盖青了一大片。喝水时候，端着纸杯子的手一直在发抖。

孙老师要求唐棠一定要坚持，他有一个愿望，就是自己师父的手艺能有人传承，100年前的味道能走得远一点，再远一点。庹老愿意无私地传，而发自内心想继承的人，并不好找。庹老教给了他，但他还一直没找到合适的传承人。这次拍摄《上菜》，无意中，孙老师发现，非厨师出身的唐棠年轻、有想法，把老师傅的技艺当作宝，也许是个合适的承接人。

拍摄到此，我突然觉得"传"和"承"是一件非常有禅意的事情。传，是因为会传统技艺的人逐日凋零，再不保护，怕消失，但需要无私；承，是要再次绽放生命力，但需要保持常态。就像《天龙八部》里大明轮王一语道破枯荣长老打的禅机："有常无常，双树枯荣，南北西东，表假表空！"枯萎是无常、无我，而荣华是常、乐。

庹老和孙老师都愿意无私、无偿地把技艺传下去，而谁来坚持，让它常在，这是大师们义不容辞的任务，也是后人的责任。

在《上菜》烤鱼里，100年前的宫保鸡丁传给了80后的唐棠。这个味道将在这个胡同小馆里发生什么变化呢？

编导手记

美食为镜

导演 孙岩

因为《上菜》的机缘，我见到了郝文杰。

见他之前，在美食媒体混过几年的我就听过他的名字：京城四少，新古典主义中国菜创始人，几家餐厅的创意总监，还是位画家……诸多的头衔已经加身，其实在我的想象里，他应该是个难以拿下的"硬石头"。

第五期节目，主题是烤鱼，董克平老师告诉我，郝文杰有道烤鱼，和别人都不

皇家驿栈烤鱼

一样，可以去看看。在我的印象里，烤鱼无非是重油重辣的川味，或是充满异域香气的云南味，还有什么样的烤鱼，能够跳出这个圈子呢？

第一次与郝文杰见面，就是在他的皇家驿栈，我只记得他留着长头发，手里拿着一串佛珠，好像一位艺术家。尔后我提起这样的想法。他说，是啊，他想当位艺术家。

《上菜》大部分的店或是菜式，都是选择存在一些提升空间的热门店或菜。而郝文杰不同，他这道菜，恰恰是某次厨艺大赛中的一道创意菜式，要想再做些修改或提升，其实等同于推翻重来，三番两次我们聊天，我们碰创意，仍没有什么答案。

直到中秋临近，日程排得非常满的他，有一天给我打了个电话："这样吧，我过节要回趟家，你跟我回趟家吧。"

"回家乡，找灵感"，这种概念其实是非常虚无的。家乡就在那儿，灵感这范畴可大了去了，郝文杰已经是一个成熟的厨师，还能在老家找到什么灵感呢？我其实对这趟旅程毫无期待。

到了河南，我们坐上来接郝文杰的车，回他的老家。河南永城，属于四省交界，一个县级市。我们到达的时候是晚上了，街上下着雨，这座朴实的小城，完全看不出郝文杰可以回望的印记。只不过，吃饭的地方，一落桌，我才见到郝文杰的另一面。他和老家的兄弟们

说着家乡话，划拳，整个小城的大厨，几乎都是他的朋友，我这才算
见识到郝文杰的另一面，也许是更真实的那一面。

《上菜》第二季，郝文杰参赛的菜式是一道"鱼羊鲜"烤鱼，以
鲤鱼为囊，塞进羊肉，外层再裹上用盐和蛋清调和的保护壳，烤制出
来，鱼羊各自鲜美，只不过，还不够完美。第二天，郝文杰跟我说：
"走，带你回我们家看看。"先是兄弟几个去了菜市场，城里回来的
大厨，买菜也有模有样的，车子离城越开越远，到了他的家我才知
道，郝文杰是农村里出来的孩子。

吹柳叶，摘野菜，杀鱼做饭，郝文杰赶着中秋节，给家里人忙活
了一桌大餐，丝毫没有我在北京见到他时的气场。这让我有些错觉，
气势没了，上哪儿寻找他的新古典主义中国菜？没想到第二天，他对
我说，哎，灵感有了。

野韭花，伏豆，豆酱，山羊肉，黄河鲤鱼，这是前一夜郝文杰给家里人做饭时，家乡菜里都要用到的"土东西"。我没法把这些材料和在北京做"高大上"料理的他联系起来。他却不以为然：农村的孩子怎么了？他从来不避讳这件事。农村的材料怎么了？所谓新古典主义，新来自哪儿，新一定来自于旧，他的儿时记忆，就是他曾经的路，是件值得自豪的事。

对于郝文杰来讲，有了一个足够真实的灵感，呈现是个极其简单的步骤，做了一遍，尝了味道，成了。之后的事电视上都播了，在皇家驿栈的天台上，背对着北海故宫，郝文杰呈现了一道惊艳四座的烤鱼。

我还记得儿时读过的书，那里曾这样写：以铜为镜，可以正衣冠；以史为镜，可以知兴替；以人为镜，可以明得失。说来惭愧，《上菜》开拍以来，以美食为镜，也重新认识了一个郝文杰，中国新厨师的身上那一股子劲儿，这真让我高兴。

寻觅
顶级食材

寻找巫山烤鱼的前后历程

江边城外　杨兵

接到通知

7:30起床，洗漱，上班，一切都那么寻常，重复做着同样的事情，来到公司按部就班，我却接到了市场部一个通知，说江边城外被选中参加真人秀节目《上菜》第二季。后来回过头想想，就是这一纸通知让我的人生从这一刻开始就此改变。

《上菜》第一季也有看过，是一档美食评比的真人秀，在美食圈子里面有一定的影响。激动之余我有点紧张了，作为全国烤鱼龙头企业的总厨要是输了怎么办，那是多么丢人的一件事啊！再想到老板一直以来对我的期望和信任，越想越紧张。但是，任何事情经常有正反两个方面，不是说"山穷水尽疑无路，柳暗花明又一村"嘛！

正当我一筹莫展的时候，我听到消息说推荐我们的是我认识并熟知，而且万分敬佩的郑秀生大师。地球人都知道，郑大师是北京饭店行政总厨，又是全国劳模。他是淮扬菜大师也是川菜大师，曾为多位国家元首与领导主持过宴会。过去7年间听过好多郑秀生大师的

课，熟知郑大师对食材研究造诣很深。有郑老师当教师，我的底气马上足了。

巫山烤鱼

江边城外的麻辣烤鱼，是我们的经典，一直是原始的做法。郑大师来了以后，我们研究发现，由于南北气温的差距，原材料有些不对，和原始老味道已经有了不知不觉的偏差。若想"上菜"取胜，烤鱼从原料到配料再到制作加工，必须重新整合，提纯正味。

烤鱼的真正的发源地在哪里？那里的烤鱼到底是怎么烤出来的？包括后来的员工和我都还停留在公司沿用多年的教程层面上。江边城外10年了，也该来一次寻根，于是我带着双重任务回川取经。

烤鱼的叫法和来源有多种版本，最靠谱的是巫溪大宁河烤鱼版。当年，那里的船运和渔业相当发达，渔民一出去打渔就会在渔船上呆上几个月，辣椒、花椒、豆瓣酱，甚至泡菜坛子和做饭的炉子，在船上一应俱全。遇到大风大雨，"伙房"上岸，在山峡河边、悬崖山洞，用石头起灶，用通火的铁钩串上鱼在火上烧烤，再拌上辣椒、花椒，炒香的豆瓣……这就是烤鱼的雏形。

现场拜师

回来后我找了郑老师一起研究如何将好的食材发挥出更好的效果，运用在麻辣烤鱼上。在跟郑老师一次一次接触做菜当中才真正地看到郑大师更多的真本事，以前都是在听郑老师的课，并没有真正看到大师亲自制作，心里暗自庆幸这回算是赚到了，由衷地增添了更多的敬佩之情。

跟郑大师接触一段时间下来，越发感觉到这位大师竟然一点架子都没有，那么平易近人、和蔼可亲，在试做的时候他都会给我讲很多的原材料知识，并且手把手教授，让我很是欣慰。

如此好的一个师父就在眼前，我该怎么办？心里多年以来的一个心愿"为自己找一位高手师父，跟着师父学习更多的知识"能否实现？其实在多年前接触到郑老师以后，就有拜到郑老师门下的想法，苦于无人引荐，再加上觉得自己级别不够也就放弃了。这次机会终于来了，可是在敬畏的大师面前根本就不敢提出来，怕要是我说了他不同意怎么办，既会影响比赛也会惹到大师生气，以后想再跟大师学习的机会都没有了。可是转念一想，机会转瞬即逝，要是这次抓不住，可能以后就再也不会有了。

自己不敢说怎么办？我想应该先试着跟导演沟通一下。于是，我将拜师的想法一五一十地告诉了导演，没想到他当场表示大力支持，并愿意帮我完成多年的心愿。在导演的撮合下，郑大师同意收我为徒。据说这开辟了厨师届的一个先例，在电视上公开体现拜师场景还是历史头一次，我很自豪，今后我会跟师父好好学习，为餐饮行业和企业发展贡献我的力量。

江边城外烤鱼

饮馔笔记

董克平

烤鱼在北京流行是2006年前后的事情，当年在有北京流行菜式风向标之称的簋街上，烤鱼的流行程度甚至超过了让簋街扬名的"麻小"。从那时起，烤鱼开始在簋街滥觞，并散布京城的大街小巷。

现今北京市场上流行的烤鱼，多数是重庆万州烤鱼，这种烤鱼最早起源于重庆巫溪县。巫溪县在重庆的东北部，东边就是著名的神农架，物产丰饶但位置偏僻，巫溪烤鱼虽然美味但是难以传播，只是在巫溪县城和一些乡镇中流传。后来这种烤鱼的吃法传到了万州，万州旧称万县，是重庆地区一个重要的水陆码头。重庆直辖后，万县升格为万州市，名声也逐渐大了起来。巫溪烤鱼借着万州的名气走出自家封闭的环境，开始了进军全国的节奏，不过巫溪烤鱼在此过程中也变成了目前流行的口味以麻辣为主的万州烤鱼。

究本寻源，烤制食物是人类祖先最早掌握的烹饪技法，其中天赐的火焰启迪了原始人对熟食的追逐和喜爱，这也直接促进了人脑的发育，让原始人与猿人渐行渐远，慢慢地演进成现代人。烤鱼在原始人那里就已经出现，不过那时只是烹，还说不到调，更没有像现在这样用很多调味料丰富鱼肉的滋味。万州烤鱼只是诸多烤鱼菜式中的一种，云南有香茅草烤鱼，也有像叫花鸡那样的用胶泥包裹好用柴火烤的，还有用盐代替胶泥包裹好烤制的。万州烤鱼作为一种风味虽然流行，但是还是一种简单的民间吃法，重油、重盐、大麻、大辣的口味，从它的起源之日，就是穷苦人家至高的享受。中华饮食文化发展到今天，古今中外精品荟萃，成就着今天的丰富与辉煌，万州烤鱼这类江湖菜的流行，在我看来，其味道有些简单粗暴了。

北京第一家有烤鱼的餐厅和BTV主持人李向显有些关系。2003年年初，东直门斜街上的一家家常菜馆推出了烤鱼，采用的是湖北洪湖地区的做法，鱼收拾好后用铁夹子夹住在炭火上烧烤，烤制中不时撒一些粉末状的调味料。向显说，做烤鱼的是他家的亲戚，特地从武汉过来，调味料也是亲戚在武汉配制好的，

显然有着秘制的意味。汉式烤鱼在这家餐馆一经推出，就受到了客人的追捧，一时间外焦里嫩、焦香四溢的烤鱼让餐馆的生意很是兴旺。只可惜没过多久SARS（非典型肺炎）侵袭北京，许多外地人恐慌逃离京城，向显的亲戚也在此时回家乡去了，北京第一家烤鱼店也就此消失了。等到烤鱼这种食物再次出现在京城，已经是2006年了，此时已经是以麻辣重口味出现的万州烤鱼了。

万州烤鱼说是烤鱼，其实是先腌后烤再炖。吃过的朋友都知道，这道菜是盛在一个金属托盘上来的，盘中有汁水，鱼上铺满了花生、豆腐干、蔬菜，盘子下面有酒精炉持续加热，这就是一个炖的形式了。这样的做法可以保持菜品的温度，又能让辅料和鱼的味道在炖制的过程中相互融合，形成新的复合的滋味。这和那种单纯炭烤后直接食用的烤鱼有了不小的变化，重麻重辣重盐重油的调味方法，让万州烤鱼在鱼的新鲜度上可以放松一下要求，重佐料的加入可以掩盖那些不算新鲜的鱼肉的质感与味道，这也是《新京报》记者在篁街卧底能够拿到猛料的根本原因。

烤鱼在北京市场上流行了很多年，一些烤鱼馆开始寻求变化，做出一些有别于传统麻辣口味的烤鱼。《上菜》节目拍摄的锦尚阁是家开在南城小胡同里的烤鱼馆，主打的宫保鸡丁烤鱼，成菜上来是把宫保鸡丁铺在烤好的鱼上，等于是烤鱼和宫保鸡丁两个菜组合而成。鱼是用蔬菜汁腌制过，放在夹子里炭火烤成的，在烤的过程中会撒一些调料，微火茵茵，轻烟渺渺，风吹过，带来一阵香气。这边烤着鱼，那边炒着鸡丁，这里的宫保鸡丁是老式做法，不是现在流行甜酸麻辣的小荔枝口，而是咸鲜酸辣的味道。之所以采用这种口味，老板美女唐棠说，酸辣的味道和烤鱼的味道很搭配，两个菜可以当作一个菜吃，算是一种在烤鱼方面的创新菜式吧。吃过之后还挺喜欢的，油不大，麻辣也是可以接受的程度，丝毫没有夺走主食材的味道，鱼肉嫩，与宫保鸡丁的汁水结合出不错的味道；表皮脆香，裹着花生米一起吃，别有一番滋味。

相比于流行的万州烤鱼，我还是喜欢这样改良后的烤鱼，滋味口感都有了变化，也更符合饮食健康的要求。

六

"以一敌数"的
鱼头泡饼

美食大数据

Q & A

Q1: 鱼头泡饼的故乡在哪里？

由于鱼头泡饼的粗旷豪迈，很多人都认为它是东北菜，可其实它是地地道道的北京菜。从偏好度的地区排名可以侧面证明这一点，北京地区的鱼头泡饼爱好者最多，其次是河北，东北地区只有辽宁进入前十，位列第七。

Q2:为啥大家都爱吃鱼头泡饼？

网友提及吃鱼头泡饼的体会有"好吃"、"喜欢"、"开心"、"幸福"，脑补出如下情景："下班回家路上，去朝阳区的旺顺阁餐厅，点份鱼头泡饼，再来份鱼子，吃好胃口好，一天才完美。""幸福中国"全在一盘鱼头泡饼里！

Q3:鱼头怎么吃？

虽然说很多吃货喜欢鱼头泡饼，但真正专业级的鱼头老饕也许只顾着埋头吃，根本没心情上网宣传"专业吃法"。多数人除了饼就是直奔鱼肉，然后才是鱼脑，真正精华的鱼里脊、鱼唇、鱼脸、鱼眼几乎无人提及。最后吃到汤也不剩，才是真爱！

Q4:鱼头怎么选？

最受欢迎的鱼头没有任何悬念，胖头鱼遥遥领先。再提及多大的鱼头时，从性价比出发，多数网友选择4斤鱼头，7斤、8斤、9斤就很少提及了，选择10斤以上的吃货们全体走低调奢华路线，闷声吃！我们《上菜》第二季这次展现15斤大鱼头，千万不要错过呦！

Q5: 三家参赛饭店你知不知道？

从提及率数据显示，在北京"旺顺阁"几乎就等于鱼头泡饼的代名词！其他两家餐厅的提及率几乎可以忽略不计。但是"平民"逆袭的戏码经常上演，在鱼头泡饼的舞台上究竟如何？

编导手记

无材不能入
有技皆美食

导演 赵雪莲

这周《上菜》上大菜——鱼头泡饼。孙立新老师推荐的是一家名不见经传的家常菜馆——天隆久府，说这家的鱼头泡饼不输名牌大店。

不过，这家店不仅我们没听说过，连网上也没有任何纪录。要是放在以前，我肯定得为拍什么而着急上火。但是，有了前几次的经验，我知道，一定有个精彩的故事在那里等着我，我只要准备好镜头就行了。

就这样，第一次探店开始了。

孙老师说这家店有点远，我们说没事儿，好饭不怕远，没有二十里赶嘴的精神不是合格的吃货，他认识路就行。孙老师表示

天隆久府鱼头泡饼

去过，和大厨挺熟，这大厨二十多年前，就是京城有名的粤菜师傅。

粤菜师傅做鱼头泡饼，莫非我要拍的这家鱼头泡饼要一改大开大阖的风格，带有些许温婉的粤菜风格？这会是个什么样的美食故事呢？

我想，要见到大厨，答案自有分晓。

从老台出发，一路向东，开车一个小时后，我们问孙老师，还有多远，孙老师说，还有20分钟吧。一个半小时后，我们发现路边已经没什么像样的建筑了，开始出现一大片一大片四四方方的田地。再问，孙老师说还得20分钟吧。20分钟后，我们发现路越来越窄，连田地都不规则了，我战战兢兢地问："孙老师，您真认识路么？"孙老师说："这回真20分钟了。"

接下来我们在同一条高速出口入口中间出出进进，在省道上各种调头。早上九点多出发到现在，咕咕噜噜的肚子提醒我们，该吃饭了。终于，在一排茂盛的路边绿植后面，我们发现了一个"天"字。孙老师说："嘿，就是这儿。"手机地图显示，这里是东六环外的一个村落，叫小辛庄。这条马路边有一排商户，是各种饭馆，其实刚才我们路过好几次了……

我想这算是农家乐吧。白古高手在民间，难道孙老师说的那位粤菜名厨金盆洗手，在此隐居？

一进门，一股炖菜的香气撞得我眼花缭乱，脚底一软。放眼一看，四五个大铁锅上盖着木锅盖，锅里不知道炖的什么，只看见一条条蒸汽争先恐后地从锅盖缝里往出挤，我简直想钻进铁锅里泡个炖菜澡。恍惚中，我听见孙老师的声音："高师傅您好。"又听见我自己的声音从远处飘来："您是用大柴锅炖鱼头么？""不是！"洪亮的声音一下把我从大铁锅里拉出来，面前突然出现一个彪形大汉，我脑子里只有两个字"镖师"。

这怎么会是粤菜厨师？一定是我打开的方式不对。

我想这位高师傅一定看出我脸上写满了"饿"，紧着招呼我们先吃饭。说铁锅里是炖豆腐、炖柴鸡、炖肉，还有给我们热着的鱼头。我还想矜持一下，先问问鱼头泡饼的事儿。高师傅说都有都有。

但是我真的不是来吃饭的。

可惜我还是吃了深深的两碗饭。

有人说最好的调味料是"饥饿"，各位看官，您同意？

我就担心饥饿会欺骗了我的舌头，所以我专门吃饱了才开始尝鱼头泡饼。

孙老师说吃鱼脸，这里的肉最鲜嫩。一不小心，哪里都尝了。每嚼一下，便有一次不同滋味，或膏腴嫩滑，或甘甜爽口，诸味纷呈，变幻多端。我想这一定是世间少有的好食材做的鱼头泡饼。这次我的重点是鱼头的材料。

我请高师傅给介绍一下鱼头的来历，高师傅略带腼腆，甚至有些不好意思，就像自己的东西有点拿不出手一样，声音有些发虚："我这就是天津蓟县水库鱼。""便宜啊。""这儿卖贵了没人吃，我们鱼头才22块钱一斤。"

这三句话好比三闷棍，打得我晕头转向。我知道将在同一集出现的另外一家鱼头泡饼店用的是千岛湖的著名大鱼头，每天空运，七十多块钱一斤。我这一路要拍的竟然是蓟县水库鱼。从食材上，我们毫无优势。但是，刚才我明明感觉到了这是一份值得孙老师推荐的鱼头泡饼，普通的鱼头怎么会这么香呢？

孙老师说，高师傅的酱炒得好。几十年粤菜的底子没丢。

高师傅脸上闪过一道自豪的光。"孙大师，您给指点指点。"声音硬气而红亮。

我们用白菜、豆腐、米饭去蘸盘里剩的酱。果然，乾坤真的在这盘红亮的酱里。而一进门我闻到的致命香气就源于此，也是高师傅用自己秘制的酱让普通的炖菜，有了生命力。

孙老师说，最会吃的广东人有不酱不食的说法，当年他和香港师傅学习粤菜的时候，师傅一到炒酱的时间，就让他去买东西，等他买回来，酱都兑好了。和师傅一起工作两三个月，都没见过师傅怎么炒酱。粤菜常用的酱汁有五十多种，师傅的避讳，让孙老师知道，只要弄明白这些酱料，自己就算出师了。可见，酱，其实是粤菜之魂。而粤菜选师傅，也有"不会铲酱的师傅算不得一个及格的师傅"的说法。

高师傅是粤菜出身，当年在京城厨界有一号，也是因为对变幻无穷的酱料了如指掌。据说京城最著名的鱼头泡饼店的第一代酱料就是高师傅给调的。虽然那都是十几年前的事儿了，高师傅不当粤菜大厨好多年，不过什么普宁豆瓣酱、XO酱、野味酱、虾酱、沙茶酱、柱侯

酱、三豉酱……讲起这些酱料，高师傅就像呼吸一般自如熟悉。气场一下从镖师变成了一代宗师。

问起高师傅为什么在粤菜的路上转了弯。他说干饭馆太累，给别人干，得天天盯着；给自己干，赚了钱还想赚更多的钱，没个够。还不如现在这样，和妻子包一块地，种种樱桃，养养鸟，陪陪孩子。现在这个店，主要的功能是朋友聚会有地儿。

我想，这一集，我要拍一个炒酱达人，能用酱，让各种最普通的食材华丽转身。只要有高超的技法，什么食材都能在美食家的嘴里得到赞扬。美食之美，应该不光是上等食材的自然之美，化平凡为神奇的烹饪技法，也是美的体现。

所以，这一集，我们这一组就要用最普通的鱼头来为大家"上菜"了。

在这一集里，虽然高师傅也去找了新的鱼头来源，但是最终的美味秘密，和鱼头无关，他将用9种常见酱料，为大家做一道北京最便宜的鱼头泡饼，22块钱一斤，活色生香。

寻觅
顶级食材

上菜知味

天隆久府

俗话说："酒香不怕巷子深"，意思就是说如果酒酿得好，就是在很深的巷子里，也会有人闻香知味，前来品尝。时代在变迁，在当今信息爆炸的社会大背景之下，我们不能消极地等待一个偶然的过客来发现我们的酒香，然后是漫长的口口相传的过程。好酒需要酒香，更需要发现酒香的鼻子，而我们要做的是，把好酒推到鼻子的有效嗅程之内。参加《上菜》节目，便是我们把"酒香"送到"懂酒香的鼻子面前"，"让酒香飘得更远"的第一选择。

承蒙孙立新老师的推荐，我们有幸参与了《上菜》节目的录制，也使

天隆久府的鱼头泡饼吸引更多的食客慕名而来。"鱼肉入味，泡饼劲道"，是食客们的普遍评价。当初，孙老师之所以推荐我们的鱼头泡饼主要是看重我们的秘制酱料以及巨大的发展前景。在孙老师精心指点和倾囊传授下，我们行走千里、遍访数地，找寻最好的食材；创新烹调方法，优化制作步骤，提升了菜肴口味。在与各路名厨的比拼中，我们借鉴与思考，开阔了眼界，丰富了知识，在制作美食的道路上又向前迈进了一步。

随想

好食材激发
好味道

旺顺阁

2014年8月，北京电视台《上菜》第二季开拍，旺顺阁鱼头泡饼、天隆久府、国华酒楼三家京城的特色餐厅将同做"鱼头泡饼"这一道菜，一比高下。虽然在大赛之前，旺顺阁总裁兼鱼头泡饼创始人张雅青就知道食客对旺顺阁的支持率大大领先其余两家餐厅，但她却丝毫没有懈怠放松，反而更加重视这次比赛，她严肃地说道："这次比赛我们一定要赢，绝不能辜负食客对我们的信任，我要去趟千岛湖！"

为了找到理想的大鱼头，张雅青带着摄制组前往了旺顺阁有机鳙鱼的原产地——山清水秀的千岛湖。千岛湖以原生态的自然环境而著称，其深层湖水富含矿物质。当地政府也对千岛湖周边生态环境极为重视，规定在周围不准开设工厂。这保证了水质的干净和生态环境的完整，而且千岛湖里的鱼也都是以原生食物为食材野生生长而成，每到春天，大量的松花粉会散落在湖里，成为千岛湖有机鱼的天然补品。再加上湖面开阔，鱼儿运动量大，这也造就了千岛湖鳙鱼极其难得的原生态品质：肉质鲜嫩，口感尤佳，而且富含各种营养物质。

旺顺阁对鳙鱼的要求非常严格，必须是野生的且鱼头要达到4斤以上才能符合要求，张雅青经常跟她的员工说："鱼头越大，富含的胶质也越多，这样做出来的鱼头，汤汁就越浓稠，无论鱼肉本身还是蘸饼，也就越好吃！"在"精中挑精"的原则下，张雅青最终确定了参赛的12斤鱼头王。鱼头找到了，张雅青总在想，能不能在旺顺阁原有的烹鱼做法上有些改进，开拓一下新思路呢？第二天一大清早，张总就带着记者、摄影师、工作人员等一行人来到了淳安县山区的农家院里，找寻当地土著渔民烹鱼最原始的味道。几天下来，张雅青回到了北京，立刻找到了旺顺阁的督导厨师长郭师傅，两人躲在厨房一边回忆这一趟的所见所闻、所感所想，一边开始研究该如何赋予这12斤的鱼头王新的味道。大赛在即，旺顺阁已做好充分的准备！

旺顺阁鱼头泡饼

国华酒楼鱼头泡饼

现点现烹的鱼头泡饼

清兵入关，赶走了占据紫禁城的李自成，顺带把都城从沈阳迁到了北京，开始了清朝的兴旺时期。虽然统治者对臣民宣称全国一家亲，不分满汉，但实际上对汉人的控制还是很严格很严厉的。为了自己的居住安全，南起前门、宣武门，北到安定门、德胜门，东到朝阳门、东直门，西到西直门、阜成门，内城里都是满洲子弟，分别有满八旗驻扎，汉人都被赶到了外城。即使是当朝的大臣只要没有旗籍，也要住到外城去，因此纪晓岚官居一品，也只能住到前门外的珠市口，而刘罗锅刘墉因为是汉军旗，可以把自家的宅子建在内城那里。

内城的安全造就了外城的繁华，商铺、戏院、妓馆、饭庄等消费游乐场所纷纷迁到外城，在靠近内城的前门外扎营落户了。旧北京的著名饭庄基本都在前门附近，著名的八大胡同也在前门附近，京戏的主要演出场所也在那一带。不过繁华也仅仅局限在前门周边，再往南就是城市贫民居住的地方了。北京有句老话，说的是城区的贫富分布："东城富、西城阔，崇文穷、宣武破。"这一现象到清末民初也没有什么改变，这一格局也决定了地区消费水平不同，相对来说，南城的消费水准要低一些。1990年的亚运会，把北部地区的发展带动起来，看看今天北京不同地区的房价，就知道南城的发展还是落后于东、西、北城的。反映到餐饮上，南城餐厅的菜价明显的要比其他地区低一些，口味上也要重一些。这种现象直到今天依然没有什么改变，《上菜》第二季鱼头泡饼这一集拍摄国华酒楼鱼头泡饼的过程，再一次体会到了南城餐厅的便宜与重口味。

国华酒楼开在右安门内大街，从牛街一直往南走，过了南樱桃园路口就到了。老板是个天津人，在北京做餐饮大概有30年

了。最早是卖天津包子、北京炒肝，慢慢积攒了一些资金，开了这家酒楼。酒楼卖的是家常菜，小丸子、炖吊子、烧茄子有，卤煮也有，流行的宫保鸡丁、糖醋小排也卖，人均消费六七十元，生意倒也做得顺风顺水。现点现烹的鱼头泡饼是他家的一个特色，海鲜池里游着十几条大草鱼，客人点哪条就做哪条。成品38元一斤，一般一个鱼头4斤左右，算下来要150元。这个价格在南城要算便宜了，开在东三环、亚运村一带的旺顺阁，一斤鱼头的价格是78元，地区差距在一个鱼头上很明显地显现出来。

国华酒楼的鱼头泡饼用的是酱焖的做法，用了鸡汤做底汤。试菜的时候，我觉得汤底黑红酱味浓香气不足，而且有点咸。于是建议老板减点盐的食用量，增加糖的比例，出锅时再烹一勺

醋。老板试了一下，觉得我的建议不错，可是老板却决定继续按照原来的口味做——有些不解。老板说，南城人喜欢咸口，不咸客人不爱吃。这也是没有办法的事情，虽然我建议老板用古龙天成天然晒制两年的酱油和欣和企业的葱伴侣代替原先的酱油和黄酱，调出的味道也得到了品鉴者的认可，但是很有可能不被客人认可。餐厅是需要赚钱的，客人的口味要求就是餐厅菜品的质量要求，专家也好，大师也罢，建议也许是好的，但是利润的来源却是消费者的钱包。

价格便宜、口味重的吃食，多数是和劳作辛苦、收入不多的人群密切相关的，流行的江湖菜就是其中的代表。北京南城虽然不吃麻辣，但是因其历史原因积淀与影响，这一地区居民的构成，虽然近年来有了不小的变

化，但还是保留了当年留存的很多元素，喜欢重口味也在情理之中。这大概就是老板继续按照原来的方法烹制鱼头的关键了。

好味道食材是关键

《上菜》第二季的拍摄进行到鱼头泡饼阶段，第一家去的是旺顺阁，第二家去了京郊的一家餐馆天隆久府。沿着京哈高速往东，到潞县出口出来上通香路再走4公里就到了。去这里认识了一个字"潞"，以前路过这里都是读成郭音。潞县是老地名，以前有河流潞水流过而得名，现在是通州区的西集镇。

天隆久府开在通香路上，做的是周边居民的生意，顺带有一些南来北往的过路人生意。老板姓高，以前是个厨师，做过粤菜、川菜、家常菜，后来离开了京城的大酒店到这里自己做老板

开了这家天隆久府餐厅，卖一些京东地区熟悉的家常菜肴，鱼头泡饼也在他家菜单上。

鱼头泡饼这种吃食大概是从天津人喜欢吃的贴饽饽熬小鱼演化来的。以前饽饽是玉米面的，铁锅里熬着海杂鱼，锅壁上贴着棒子面的饽饽，鱼熬熟了，饽饽也熟了，饽饽金黄发光，吸了熬鱼的香气，贴着锅壁的那一面还会有焦黄的嘎巴，香香脆脆的，棒子面在这个时候也不算难吃了，算是一道有菜有主食的家庭美馔。

熬是一种做法，轻火慢炖；汤色多是红汁，不是放了酱油就是放了大酱，鱼鲜加上浓浓的酱香，成就了这道家常菜受欢迎的程度。这是北方人做鱼、做鱼头最常见的做法。从家庭灶台进阶到餐馆菜单，做法和呈现形式也有了相应的变化。虽然还是红烧或者酱焖的做法，酱的选择上开始变得复杂起来。北京以鱼头泡饼扬名的旺顺阁餐厅，号称自己的酱料是秘制的，融合了多种调味料，因此味道独特与众不同；天隆久府的老板因为做过粤菜厨师，于是在他的酱料中加入了粤菜中经常使用的柱候酱、海鲜酱、蒜蓉辣椒酱，再加上北方常用的黄酱、甜面酱，于是他家的酱汁及成品鱼头也有自家独特的味道。在拍摄过程中，高师傅在制作芋头的时候，将常用的葱油进行了二次加工，再用加工过的葱油烹制鱼头。经过45分钟的猛火煮慢火炖轻火熬，完全把鱼头的胶质解析出来，汤汁洪亮呈黏稠状，葱香味浓，微辣回甘，味道很是不错。

不过吃到鱼头感觉就差了一些。虽然经过长时间的炖煮，但是和旺顺阁的鱼头相比，鱼肉入口还是有些许的土腥味，肉质也不够细润。汤汁的优秀无法遮住鱼头本身的一些缺陷。问过老板，他们用的是蓟县于桥水库的鱼头，于桥水库是当年为了防范蓟运河洪水而修建的，百度百科关于于桥水库的词条中说："于桥水库属富营养型水体，冬季稍好，夏季处于营养化初级阶段，主要超标物是被污染的河流带入的大量氮、磷。"这大概就是于桥水库的鱼头和国家一级饮用水标准的千岛湖鱼头的差距所在了吧？

不过吃饭这件事是花多少钱说多少话。旺顺阁的鱼头78元一斤，一个鱼头小的4斤，大的十几斤，这就是说在旺顺阁吃个鱼头最少要花300元以上；天隆久府的鱼头22元一斤，一般是4斤左右，在天隆久府吃个鱼头，不过百十元的事情。旺顺阁的鱼头泡饼原料好、味道佳，加上是城市的中心区域开店，租金、人工、管理费用都不低，鱼头自然卖得贵；天隆久府开在郊区，房子是自己的，老板自己管理自家的餐厅，周边的消费水平也不高，价格卖得不高也在情理之中。消费水准的不同，对原材料的选择也有所取舍，这是不同区域、不同档次餐厅的必然选择，味道上有差异就在所难免了，但是好味道源自好食材却是颠扑不破的真理！

七

曼妙的炖豆腐家常而又

美食大数据
Q & A

Q1: 哪些人爱吃炖豆腐?

从以往的美食大数据调查，我们几乎可以认定女性相对男性更爱吃爱现，不过在一碗炖豆腐面前却实现了男女平等，甚至男士们还有了"一丢丢"的微弱优势。

Q2: 哪个年龄段更喜欢炖豆腐?

90后似乎在之前各种美食的网站提及上均是最冷淡的一群人，小编只能猜测这群在富裕年代出生的人，对食物天生缺乏热情，因为他们的先天基因和后天环境都告诉他们食物不稀缺。对于其他年龄段热爱食物的人们来说，炖豆腐这样温暖体贴的美味，随着人们年龄的增长会越来越依赖。

Q3: 哪个职业的人士对炖豆腐的偏好度更高?

不同职业人群对炖豆腐的偏好均超过50%，再次验证了炖豆腐是一种人见人爱的美食。不过其中政府公益部门、IT/互联网/通信和人文艺术界的人士偏好度甚至接近100%，更钟爱炖豆腐；而体育类、传媒类的职业人群则偏好度相对较低。绝对是妥妥的绅士暖菜。

Q4: 哪个地区的人群更需要暖心暖胃?

辽宁、山东、北京、吉林、黑龙江是最爱炖豆腐排名前五位的地区，气候偏冷、喜爱炖菜的烹饪传统决定了这些地区的人们更喜欢炖豆腐的暖心暖胃。

Q5: 哪个季节我们爱吃炖豆腐?

暖心暖胃的美好体验除了夏季，秋、冬、春三季大家都爱。

Q6: 心急所以要吃热豆腐吗?

尽管自古就有"心急吃不了

热豆腐"的说法，可还是有20%的小伙伴们不听劝的，总是心急被烫到。

Q7: 谁是炖豆腐的好搭档?

排在最前列的是鱼和白菜，鲜嫩的鱼肉和豆腐的软滑，无论是口感上，还是营养上，都是1+1 >2的绝配；排名第二位的白菜炖豆腐，清新又不寡淡。

Q8: 三家餐厅你知道吗?

炖豆腐参赛的三家餐厅，出现了史无前例的全军覆没，实在是因为炖豆腐太过家常，家家会炖，大大小小的餐厅也会炖，炖得再好吃，也很难出挑!

编导手记

不忘初心
方成美食

导演 赵雪莲

看到这个题目，似乎很难和这周《上菜》的主角——豆腐联系起来。可是，这的确是我拍完这期节目的收获。

这一期的功课是要做一道豆腐菜，孙大师推荐了小院味道的"咕嘟豆腐"。

小院，是300年前的一个清代进士的府邸。

咕嘟豆腐，是获得过美食大赛冠军的金牌豆腐。

厨师，是孙大师兄弟相称十多年，情同手足的兄弟徐萌。

但是，孙大师对这锅豆腐特别不满意，甚至认为，以这道菜目前的水准，还达不到他对豆腐菜的要求。

小院的这道人气菜"咕嘟豆腐"制作考究，既下本儿，又下工夫。豆腐专门从天津一家卤水豆腐坊定制；底汤要用北海道瑶柱、金华火腿等八种珍贵食材吊足一天一夜。

而恰恰因为这样的"考究"，触动了孙大师心底的一条线——做菜，到底要做什么？用什么做？

镜头前的孙大师从容霸气，秘方频出。就像没练过武功的王语嫣，不论对方什么来路，何门何派，都能有应对的武功秘籍，见招拆招，招招制胜。而私下里，孙大师偶尔也流露出属于他的迷茫和失落。就这道炖豆腐来说，他的迷茫在于是不是真的需要北海道的瑶柱、金华的火腿？这样做出来的豆腐菜，还是中国人吃了一千多年的那块"豆腐"么？

而现在小院的这道豆腐菜，有海鲜味儿、有鸡肉味儿、有猪肉味儿，就是没有豆腐味儿。吊好一锅汤在那里，客人点了以后，豆腐切块炖个30分钟就算厨师的作品。

这是孙大师不能接受的地方。

而小院的主人徐萌却觉得，只要好吃就行，客人认可是硬道理。

拍了几天，我们发现这兄弟俩在一起就干俩事儿，除了吵架就是炒菜。

这二位爷的年纪加起来都一百多岁了，可还是说着说着就急眼，几次都要拍案而起，让我们备受惊吓。和了几次稀泥，发现这就是他们表达感情的方式，十几年都是这个节奏。

小院的主人徐萌，和孙大师相识于2000年。那一年孙大师四十出头，在渔阳饭店任行政主厨。徐萌三十出头，任行政副总厨。

小院味道炖豆腐

　　那个时候冰水还叫凉白开，酒店还叫饭店，点一道芫爆肚丝也还不至于扒开香菜考古似地找肚丝。

　　那个时候的菜，豆腐是豆腐味儿、黄瓜是黄瓜味儿、鱼是鱼味儿、白菜是白菜味儿。

　　那个时候什么都还很慢，没有速成量化的调料汁儿，如果你想做出一道好吃的菜，还需要厨师花心思、花时间，不是现在这种高汤做筐，食材随便装的快餐时代。

　　那个时候的孙大师和徐萌一起共事，分别负责饭店的中、西餐出品。如果真的有时光机器，回到十几年前，我们就能看到当年西餐出身的徐萌和鲁菜传承人孙大师一起工作时的"不务正业"——徐萌的西餐后厨经常晃悠着孙大师的身影，中餐后厨也能看见徐萌炒菜的景象。两人为了把一种食材变成美食，搜肠刮肚，大有欧阳锋苦练《九阴真经》的架势。像今天这种程度的争吵，肯定是家常便饭。如今，十几年过去了，两位还能火力全开，可见当年的惨烈。

可是，全北京的吃货们都不知道，这样的"学术交流"和我们有多么重要的关系。就像战争也是文化交流的一种渠道一样，也可以推进文明的进展。孙大师就是在各种"不务正业"的"火爆"的"学术交流"中，抓住了灵感，发明了一道菜——蓝莓山药。

　　现在，两位依旧在为豆腐如何改良而大动干戈。

　　有的时候，孙大师固执得像个孩子。"豆腐必须改，要减少调料。"

　　做兄弟的徐萌倒像个大哥。"大哥，那咱们改改试试，我亲自来做。"

　　孙大师希望徐萌去寻找一种豆腐味儿更浓的豆腐。徐萌去了千年古城永宁，因为那里有一种用豆腐水发酵的酸浆点的豆腐，豆香味更浓、更纯粹。

　　孙大师要求徐萌给小院豆腐做减法，底汤的材料只保留黄油鸡，并且加入自己的绝招——蔬菜汁。徐萌预料到了，孙大师开口前，做兄弟的就准备好了洋葱、胡萝卜、芹菜、香菜、尖椒。

　　孙大师乐了。

但是下一秒，俩人又因为要不要保留香菜根而声音拔高了八度……

孙大师要保留香菜根的原因是香菜根香气最足，是整棵香菜的精华浓缩之处。

徐萌要去掉香菜根的原因是香菜根香气太足，万一有客人不爱吃香菜，会影响这道菜整体的口感。

我们的镜头把这一切都记录了下来。这两位在厨界成名几十年，如今功成名就，还能对食材有如此的热情，每一次做菜，就像第一次做菜一样用心，实在太过难得。

难得的让我有些难过。

对于他们来讲，完全可以不用这样较真儿，可是他们坚持较了十几年的真儿。就为了别人嘴里的"味"，恪守自己的"道"。他们希望能让每一个和他们有缘的食材，能干干净净、真真实实地出现在食客面前，展示他们最纯朴的美。这种美，是与生俱来，不是后天浓妆艳抹的；这种美，原本就存在于天地之间，厨师要做的是发现它，显露它，而不是用刀斧砍斫出流水线一样的模子。那不叫作品，叫产品。那样的厨师只能叫匠人。

可是我们都知道，他们坚持的东西太难，用他们自己的话说，现在哪个徒弟愿意踏踏实实地研究一下食材的本味、本性？都是恨不能上来就炒菜，反正有各种现成的调味料，会点火就能炒菜。这是能让餐饮快速发展的进步，但这却是让厨艺慢慢衰弱的退化。

面对这样的现状，孙大师和徐萌只能坚持自己的初心，"识"材、"辨"味，用心做菜。

小院味道的这道"咕嘟豆腐"终于要按照孙大师的烹饪方法来和各位观众见面了，洗尽铅华，素面朝天，没有瑶柱、火腿搭台，没有鲜肉配戏，是豆腐的独角戏。

我们吃到了这锅豆腐的香气，像小时候的一样。这样的豆腐菜，不知道合您胃口么？

有人说最好的调料是饥饿，有人说最好的调料是时间。而这期《上菜》的豆腐，让我懂得，最好的调料是人心，是厨师不忘初心的坚持。

山农客栈炖豆腐

寻觅
顶级食材

沙参柴鸡野薄荷
山农改版难题多

山农客栈

炖豆腐，本是一道很亲民的菜。但是这次比赛，董克平推荐的是一家五星级酒店的炖豆腐；孙大师推荐的是一家获得过金奖的炖豆腐，那是相当高大上！跟这两家店相比，郑大师推荐的这家山农客栈——只是门头沟的一家普通的农家院。

山农客栈的老板寇大姐，尽管表示跟高大上的两家店相比虽败犹荣，但也是相当重视，压力很大。为了不给同是门头沟出来的郑大师丢人，寇大姐决定发挥自己的特长，来改良一下自家的柴鸡豆腐。这特长说来也挺传奇，寇大姐有一个本领就是会识别药材，这本领就是打小跟着奶奶上山采药时积累出来的。药食同源嘛，现在正好派上用场。于是，带着工具，寇大姐上山挖沙参去了。这一去，收获挺大：不光挖到了十年生的沙参，还带回了小溪边的野薄荷。寇大姐真是高兴坏了——这沙参尽管味道不重，也可以给汤汁提鲜；野薄荷又可以增加汤汁清新口感；再加上自己家刚宰杀的新鲜柴鸡——你说这炖出的豆腐还能不好吃吗？！寇大姐这回信心满满！

挖了沙参，采了野菜，宰了柴鸡，寇大姐开始用新材料炖豆腐了。新版柴鸡炖豆腐出锅喽……赶忙给大伙尝个鲜。可是没想到，自己家的员工品尝了这道新版柴鸡豆腐之后，竟然都眉头紧锁，寇大姐上前尝了一口——这汤是真鲜，不过，这豆腐怎么一点都不入味啊？可是这次比赛的主题是：炖豆腐。再好的汤，豆腐不好吃也没用啊！

这下，就只能请郑大师出山了，在了解了寇大姐"豆腐不入味"的症结之后，郑大师亲自操刀——给柴鸡整鸡脱骨，给豆腐用盐浸、用开水烫，再辅以沙参、野薄荷等辅料。这道郑大师用国宴要求打造的新版柴鸡炖豆腐就算圆满改版成功了！

寻觅
顶级食材

老友相聚
华山论剑

中西交汇
以技扶人

小院味道

小院味道，是孙立新大师经常光顾的小店，他们家的炖豆腐非常有名，还曾在大赛中获过奖。这里的老板跟孙大师是多年的好友，他叫徐萌，也是一个厨师界的名人。与孙大师不同的是：徐萌是学西餐出身。

甭管是中餐还是西餐，协作胡同的这个小院里都注定要上演一场华山论剑。因为二人除了是多年好友，还有一个共同点，就是对待工作格外较真。

果不其然，看到了小院味道炖豆腐的整个烹饪过程之后，孙大师提出了三大问题：1.大料用量太多；2.葱姜蒜用量太少；3.豆腐需要更换。前两点徐萌都不赞成。他觉得炖豆腐就是要放大料，一粒远远不够；葱姜蒜用量太多会遮掉豆腐的香味，他觉得不宜多用；不过这第三个建议，他倒是举双手赞成——要寻找更好的豆腐用料！

很快，孙立新和徐萌在延庆永宁找到了远近闻名的用来做豆腐宴的豆腐原料，二人都非常满意。不过，关

于辅料和调味料的用法、用量，二人还是争执不下。

　　小院味道原版的炖豆腐非常重视炖煮的高汤，是用鸡、骨头、肘子、猪皮吊出来的。所谓战士的枪，厨师的汤，对于高汤的高度重视，这一点也得到了孙立新的认同。但是对于在烹饪过程中添加的鸡粉、味精等调味料，孙立新还是表示不认同。那么除去鸡粉和味精，豆腐要如何提鲜呢？

　　心动不如行动。孙立新亲自上灶台，用洋葱、胡萝卜、芹菜等原料炼制汤汁，以替代鸡粉、味精；再出人意料地用红酒点缀，更能促进蔬菜的入味和营养的吸收，其效果让徐萌眼前一亮。这反倒是借用了西餐的惯常烹饪手段，用到中餐的烹制中，最终得到了西餐大师的肯定。真是名副其实的"以技扶人"！

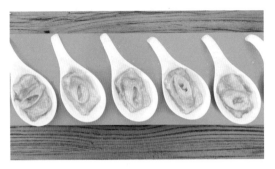

海天阁炖豆腐

好豆腐是怎样"炼"成的？

酸浆点豆腐，是一种千年古方，不用卤水，也不用石膏，而是用豆类熬汤发酵而形成的酸浆，兑入大铁锅烧出的豆浆里，使其凝结成豆花。然后捞出放入固定的容器，再经重物压制，沥出水分，豆腐成型！

赫赫有名的延庆永宁豆腐，就是用这种传统工艺点制而成，它能更好地发挥出豆子的豆香味。不仅如此，永宁豆腐的原材料也讲究返璞归真，除了选用最优质的大豆，还采用永宁当地的山泉水。永宁三面环山，富含钙、铁、镁等矿物质的山泉水汇聚于此，矿化度、总硬度都非常适合豆腐加工。这样不再加入任何其他添加剂的豆腐，咬一口才足够柔韧滑嫩。

八

一枚传统的烧饼

秦记烧饼

编导
手记

一枚烧饼，
也是尊严的来处

导演 孙岩

此刻我刚完成《上菜》前十期的拍摄与后期制作，工作暂时告一段落，我在17000米的高空，准备开始我的假期。内外的气压差让我觉得有些耳鸣，无法休息，也不能完全不去想工作的事。于是，我开始回想这十家店究竟都有什么故事值得回忆。然后我想到了第七期的主人公，秦记烧饼的掌柜，秦铁军，老秦。

如果不是因为偶然遇到他同

乡的推荐，我想，大概我的美食脉络，永远不会伸展到那里，老秦的烧饼铺子在房山旧城区的一个老街道里，有点儿像城中村的样子，甚至我的导航地图上都无法识别那条街的准确地点。可就是这样的小地方，老秦承接着父辈的手艺，传承着油酥烧饼这个吃食。

成为美食节目导演几年了，我拍摄过那么多高大上的餐厅，那么多优秀的厨师，他们在手中用新式的厨具或是烹调方式，创造出令人耳目一新的菜品，我非常佩服以美食为画，创造艺术美学的这些人。而老秦给我的是另外一种，完全不同的感受。

其实我心里知道，这种油酥面与白面混合的烧饼制作工艺，在今天饮食口味愈加出奇的环境下，实在算不得有多惊艳，但老秦的真真儿打动我的其实是他的这份热爱。他朴实，又不拘谨，第一次到他家拍摄，所有的技法他如数家珍，而且对自己的烧饼带着一种自豪感。他说人呐，爱一行才能干一行，和天分没什么关系。看着他用年代久远的瓮和着面团，靠着手指的掂量，掌握着各种比例，熟

练地混合油酥面，再用自己带着纹路的十根手指，把面团抻到如纸薄，又一层层叠起来，不那么华美，却已经惊艳到我了。

我常以为，所谓美食，在第一层面即是直观感受，人们折服于美食、美器，在感官上给人带来的冲击，大概是味道的来源。更深层面可能是老秦所打动我的东西，不在乎味道的惊艳，而是制作者本身，为美食而传达出的传统美学。

老秦的比赛结果并不好，不过于我或是于他，都未曾过于在乎这个名词。对他来说，他这样的小店，能够上回电视，已经是很好的事儿了（老秦事后与我的原话）。而对于我来说，你看着一项手艺，略显孤

独地存于一隅，然而它又以不卑不亢的方式存在着，也薪火相传，这并不值得悲哀，而是该庆幸的事。灶台比赛当天，老秦带上了儿子小秦，小烧饼又有了新的接班人，我看屏幕里，老秦做得也挺开心。

《上菜》第二季，其实我拍摄的每一家餐厅，都在为着一个微小而又重要的理由，做着必要的坚守。这让我折服，我非常迷恋这种全情投入于自己手艺的样子。小烧饼，亦有小烧饼的魂魄。不为任何人，自己就是最大的理由，不苟且，不应付，不模糊，把自己正在做的事情当作与世界呼吸吐纳的接口。老秦的微小，我却觉得，这，就是尊严的来处。

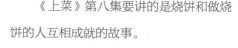

编导手记

暇满人生
成就美食

导演 赵雪莲

《上菜》第八集要讲的是烧饼和做烧饼的人互相成就的故事。

"暇满人生"，是我拍完这期节目的感悟。"暇"有两个意思，一是指有时间，二是说有因缘。因而，有"暇"，是一件幸福的事情。可能"暇满人生"在佛经里还有更深奥的道理，但是现在，我觉得这期的主人公宋军就是一个幸福的人。而烧饼，是幸运的烧饼。

西晋史学家司马彪的《续汉书》里说："灵帝好胡饼。"史学家考证，胡饼就是烧饼。一般说"胡"，那么这个东西必是中原没有，外埠传来的。据说这烧饼就是汉代班超从西域带来的。

史书都是惜字如金的，一千八百多年后的我们，还能在史书里查到"烧饼"的记录，可见在千年以前，这小小的烧饼是多么有名。

这种面食，非常适合咱们中原人的口味，八成也是因为中原有的是小麦，所以，烧饼具有一直有名的各种机缘，不断地出现在正史里。而且还和帝王有关。

《资治通鉴》里就记载了一个发生在1300年前关于烧饼的故事。那一年的冬

老门框烧饼

天，发生了两件大事。一是全球气候突然变冷，冷空气南下提前。二是十二月十六日，恩爱的唐玄宗与杨贵妃遭遇"安史之乱"。

西南师范大学历史地理研究所的兰勇教授还考证出，正是因为冷空气提前南下，而马背上的民族又不愿意喝西北风，所以南下抢占地盘。于是，在农历的十二月十六日，大唐皇帝成了逃命帝王。

说到这里，我觉得只有四个字可以形容这对出逃的李氏夫妻——饥寒交迫。宰相杨国忠到咸阳的市集上，买了"胡饼"也就是烧饼，给皇帝夫妻充饥。

大冷天里的热烧饼，1300年前的那一口，应该是征服了帝王的胃吧。

别看那会儿没有微博、朋友圈，皇帝吃烧饼的事儿，还是传到了白居易的耳朵里。他就有点像今天的大V，专门为小烧饼写了一首诗："胡麻饼样学京都，面脆油香新出炉。寄于饥馋杨大使，尝香得似辅兴无。"

烧饼遇上了白居易，可能这首诗让小烧饼上了当年的美食头条，在历史长河中，留下了记录。现在我们都可以查到白居易吃过的烧饼的做法：芝麻、五香盐面、清油、碱面、糖和面发酵，加酥入味，揪剂成型，刷糖色，粘芝麻，入炉烤制。这种做法和现代的某种烧饼相差不多。

再后来，烧饼遇到了各路高人，以百种样貌出现在各种记录中。

就是这样一个烧饼，穿越了千年历史，落到了这集《上菜》主人公——宋军的手里。

宋军是地道的北京南城人，经营一家叫"老门框"的爆肚店。这个店是他从父亲手里接的班。而他父亲是继承了爷爷的小产业。当年宋军的爷爷挑着挑儿，在前门卖爆肚和烧饼，没想到三代后，竟然能卖出一份家业。宋军接班的时候，也没想到这份家业到他手上会遇到前门重新规划、数次搬家、参加《上菜》。

孙老师推荐老门框家烧饼的理由很简单：宋军的芝麻烧饼带馅儿。

关于这种带馅儿的烧饼传说是和慈禧老佛爷的一个梦有关，但是没有正史记载，咱们就不提了。不过，单就技术来说，您掰着手指头数数，可着四九城，这种带馅儿有汁水的烧饼您能数出几家儿？而且宋军的烧饼师傅，一出手，孙老师就看出来了，师傅手艺不错，但属于自学成才。这就让孙老师格外爱惜老门框家传的这种肉馅儿烧饼。

宋军的生意做得很规矩，也"局气"。店里都是从前门追

宋军深入内蒙寻找的合适的羊

着来的老客人。甚至下雨天屋里没位置，客人可以打着伞在雨地里吃。

拍摄开始不久，孙大师就发现，这里有让学院派感动的坚持。

对于老门框的烧饼，孙老师已经跳出比赛。他更看重的，是如何提升一个百年老店的产品。

对于老门框的烧饼，宋军当然想在节目中胜出，但是他有个更大的愿望，不想再手心向上，只做一个继承者。要开发新产品，做开拓者，给子孙后代留下新东西。

这一切，需要一个机缘成就。

现在机会来了。

但是，这个机会，首先是一个难题。孙大师要求宋军把做了几十年的牛肉馅儿烧饼，换成羊肉馅儿。孙大师认为从羊肉本身的特点来看，羊肉更甜嫩、汁水更丰富，肉馅儿烧饼的口感将有质的提升。这，需要一种既劲道又滑嫩，而且没有膻气味儿的羊肉。这个要求看起来很矛盾，像不可能完成的任务。

这就是大家在节目里看到的宋军内蒙寻羊的起点。

我们不想说拍摄的艰难，但是我觉得，应该让观众知道宋军在镜头之外的努力。节目里呈现的只是内蒙之行的一小部分，其实宋军三进阴山，五进草原，几起几落。先是在中蒙边境的德吉家找到理想的羊肉，但是没有电，运不出来。不过，宋军锁定了这种产羊绒的小尾山羊；在离德吉家300公里的巴彦淖尔附近找到工业化羊场，但是因为那里的绒山羊吃过几个月饲料，老宋果断放弃。再开车四百多公里，到了鄂尔多斯附近的无名大草原，但是又因为牧民家是半放养半圈养而又失望地再度启程。宋军新结识的蒙族朋友恰好知道一片产绒量很小的放牧区，赶到那里，已经是在离鄂尔多斯300公里外的又一个无名草原了。

为了抄近道，当地的朋友带我们穿越了一个无名戈壁。时速60公里的车队，4小时后才见到羊群。期间，我们看到了戈壁的狼、驴、骆驼、刺猬还有总好奇打量我们的驴。

过了5天没有手机信号的生活，我们结识了一批蒙族朋友。

这一切的相遇就是因为北京的一个百年老字号里的小烧饼。

蒙族朋友们热情、守信而体贴。不仅支持宋军的寻找，还自告奋勇当向导。不论晚上拍到1点还是2点，第二天一大早5点半准时叫我们吃早饭。说白天还干活，早饭就不喝酒了，开五瓶红酒润润喉吧。

当地只有红酒是用瓶子装的，白酒一般都是用咱们烧开水的铁壶。

宋军是宣武体校摔跤队出身，别看膀大腰圆，却是沾酒就醉。到

了草原，滴酒不沾是影响团结的；而喝了就倒，是影响拍摄进度的。好在朋友们都很体贴，宋军每天还能有半天清醒进行拍摄。

虽然找羊的确有各种不容易，但是，根据之前的拍摄经验，回到北京的练菜，才是真正的挑战。因为再罕见的食材，世上还是有的，不管你知道还是不知道，它一直在那里。而让食材发挥最佳状态的技法，却很有可能是世上本来没有的，需要去开发和学习。

宋军在内蒙为了找羊着急上火的时候，孙大师在北京发现了老门框烧饼馅儿以外的问题——面。

宋军和他的团队都不是科班出身，做烧饼的技术，基本上算是独创一派。平时虽然卖得好，但是在大师眼里，问题是不能放过的：层多但不够多，饼底有硬脐。这些很可能跟包馅儿有关。

其实这也一直是宋军头疼的问题，只是不知道怎么解决。

而孙大师恰好有位好朋友叫王志强，20世纪70年代就给尼克松做过面点，是中国有名的面点大师。他用面做的苹果足可以假乱真。解决老门框烧饼的问题，自然是不在话下。

孙大师帮宋军约好王志强大师，宋军早上不到6点就到王老师家楼下接人。王老师后来说："妈哟，当时吓了一跳。"

天还没亮，伸手不见五指，一个彪形大汉伸着小棒槌一样的手给打开车门，声若洪钟而又谦逊有礼，这是什么路数？而一看见老门框的烧饼，王大师也起了爱惜之意，亲手示范，为宋家解决了困惑了几十年的问题。

而孙大师恰好对馅儿颇有研究，利用鲁菜的功底，帮助老门框完美地解决了馅儿的提升问题。

我们的镜头纪录了这一环扣一环，滴水不漏的各种机缘巧合。

在调整过的烧饼还没出炉的时候，宋军拿出两把紫砂壶，送给孙大师和王大师，说这是他自己亲手做的。

紫砂壶颜色正、颗粒匀、光泽润、胎骨坚，壶底有款：宋军。

他说他知道自己的问题，想专心做壶来磨练自己的性格。

佛经里说有8种"无暇"非常可怜，简单说就是8种没有机会得闻佛法遇到明师的时空和情况。比如生在边穷地区、文化落后；或者生来诸根不具，肉体有缺陷、缺少智慧，不了解自己等等。如果我们避免了这8种"无暇"，就成了"有暇"。宋军就是幸运的人，他接过了家族的接力棒，并且"有暇"结识孙大师，又遇到各种机缘，成就了他要为老门框独创新产品的理想。也满足了吃货们对一个烧饼的所有梦想。

这周的烧饼，我想，1300年前，大唐皇帝吃的那个胡饼，在带给味蕾刺激的程度上，应该是不相上下的吧。

有一千多年历史的烧饼，在一千多年后一个百年老店的传承人手里，有了新的内容，得到了当代专家的认可。是烧饼成就了人，还是参与其中的人成就了烧饼呢？

对于这一切，宋军心存感恩。

孙大师对这次和百年老店的相遇、能帮助百年老店成就梦想，心存感恩。

而我们能作为一个新产品诞生的记录者，也心存感恩。

我们也要找到属于自己的暇满人生，成就一个真实的梦想。

寻觅
顶级食材

艰难的
寻找历程

老门框　宋军

内蒙古 巴彦淖尔

　　我叫宋军，是我们宋家的老大。自从父亲过世，宋家的家业就交到了我手里。我们家从爷爷那辈儿就卖爆肚，爷爷那会儿挑着担子在前门走街串巷，父亲把扁担上的生意变成了门店。到我这辈儿，老门框已经有3个分店了。

　　2014年4月，原来给我们拍过《美食地图》的记者联系我，说我们老门框的烧饼入选了《上菜》的拍摄。我当时特别奇怪，烧饼有什么好拍的，我们家的爆肚和涮羊肉才是主打。可是，《上菜》的负责人来和我沟通过一次，还是决定以老门框的烧饼"上菜"。

　　那个时候，我正在筹办第四和第五家分店，每天装修、招人忙得一塌糊涂。我以前也参加过几次美食节目的拍摄，觉得自己很有宣传经验，估计拍个一天就结束了。没想到这次摄制组在拍摄前就来了三次，最后还把国家烹饪大师孙立新老师给请来了。孙老师一来，就给我们的牛肉烧饼提出各种各样的要求，要换葱、要熬葱

油、要用蔬菜汁儿……这都好说，孙老师后来竟然要我们把牛肉馅儿变成羊肉馅儿。这我可犯了愁，用羊肉做肉烧饼，那得多膻啊，也没听我爷爷说起过。可是，既然答应了节目组，要拍摄《上菜》，咱们就得听话。孙老师说羊肉入馅儿做热烧饼，必须是没膻气、有嚼劲的羊肉才行。而要满足这些条件，这种羊肯定不是常见的圈养小绵羊。我第一反应是，这哪是做节目，根本就是再创造一个新菜。孙老师特别喜欢我们老门框这个品牌，他觉得我们一家人能一百多年做一件事，很难得。孙老师一直跟我说，要抓住这次机会，把老门框的菜品做个调整。其实创业难，守业更难的道理我们也懂，虽然这些年，老

门框的生意一直很好，但是我也觉得不能总吃老本。老门框得在我手上再前进一步。不过这样一来，可就不是拍一天的事了，估计得照着一个月拍。最后果然是我在节目里从半截短袖背心一直换到大棉袄，实在是太辛苦了。不过，这一切都给我留下了深刻的印象，这次经历对我来说非常宝贵。

　　任务的关键是要找到符合孙老师要求的羊。好在我们家一直和羊打交道，内蒙还有些朋友。于是我们和摄制组一行7人准备自驾车去内蒙寻找能做馅儿的羊。这一路向北，我忽然有种责任感，原来是节目组要求拍摄寻找的过程，现在是我从内心自己非常想能完成这项任务。我是宋家的大哥，必须要有担当，以前总是埋头做生意，不懂得

抬头看路，现在有人来叫我抬头看看，我真是太幸运了。

　　但是寻找的过程是艰难的。我带摄制组去的地方在中蒙边境，再往前17公里，就是蒙古共和国。那里是无人区。开车三四个小时才能看见牧民。我当地的朋友宁伟帮我联系了一家比较殷实的牧民家庭。这一家牧民长子叫德吉，一家人都没有来过北京，听说我们从北京来看羊，事先准备了一头三岁的大羊来迎接我们。对于牧民们来说，小羊羔是不能吃的，三岁的大羊是招待天边来的贵客的。

　　他们和我们老门框做羊肉一样，只用清水煮，一开锅，就是满屋子香气。我知道，这就是我要的羊。这种羊叫做小尾山羊，是用来出羊绒的。为了保证羊绒的品质，这种羊每天都活得很自由，吃喝都全自助，人只要保证它们不被天敌伤害就行了。但是这里没有标准电压，牧民们都是风车供电，只能照明，没办法完成冷冻保鲜和运输的环节。

当时我就上火发烧了。

我觉得摄制组为了我们老门框跑这么远，现在在我这里掉链子，心里特别着急。后来宁伟说他还有个朋友在牧区，咱们现在知道了羊的品种，就往出羊绒的地方再找找。

后来我们又去了鄂尔多斯的一个牧区。好事多磨，后面的事情大家在节目里都看到了。当时我就给了牧区愿意卖羊的牧民200万元，先把这种少见的羊承包了。

　　回到北京，孙老师不仅自己亲自帮我调馅儿，还请咱们中国的面点大师王志强老师来帮我调烧饼的面。本来我们家烧饼卖得非常好，我自己觉得没什么调的。可是大师们一眼就看出我们的家传烧饼其实有很多不专业的地方。孙老师免费为我们完成整个过程。当时我正在装修新店，孙老师连新店的装修都帮我们设计好了。

　　我们自从踏入餐饮行业，一直都是单打独斗，这次通过拍摄《上菜》，和孙老师结缘，他给我们秘方、帮我们请专家、把我们老门框当作自己的产业尽心尽力地调整。随着拍摄的深入，对于美食竞技的结果，我已经没有什么想法了。但是我有一个心愿，渐渐明朗：如果孙老师能收我做徒弟那就太完美了。但是，我既不是厨师，也不是专业人士，只不过是京城数以万计的小餐馆的经营者，我担心拜师的愿望落空。

　　眼看着拍摄就要结束了，孙老师来我这里拍摄的时间越来越短，我鼓起勇气，和孙老师说了我的愿望，孙老师当时没答应，让我再想想。后来，在我们这集的最后一次拍摄结束的时候，我跪下给师父磕头，恳请他收下我。孙老师拿出早就准备好的一幅字，说："我怕你是一时兴起，如果你真是经过严谨的考虑，还想拜我，那我就收你。不过，我收徒不兴磕头，不许送礼，你以后有什么事儿，我会尽力帮你解决。"

　　《上菜》烧饼这集播出的时候，我的新店开业，我在店里忙前忙后，没看着电视，孙老师打了个电话给我，说："你那个面还是得

改，回头我再给你看看，怎么更外酥里嫩，层还能再多点。"

　　感恩《上菜》节目让我对家业有了长远的思考；感恩《上菜》让我和孙老师结缘；感恩在这八个月中，所有人的付出。这次的节目，是我们老宋家家业的一次新的起点，一下子点醒了我这个大哥，都说"富不过三代"，我们家虽然不富，但是也从爷爷那辈儿靠着老门框这份家业传承了三代，我要守好祖业，把老北京的传统饮食手艺传下去。

饮馔笔记　董克平

记得上小学时，某个早晨母亲忙得没有时间为我们准备早饭，就会给一点钱让我们出去吃。出去吃，就是在胡同口的小饭铺买个油饼或者火烧。豆浆我是不会买的，小时候不知道为什么那么性急，根本没有耐心等豆浆凉下来。于是油饼和火烧就是早餐的基本内容了。那时候，买油饼不仅需要花钱，还要有粮票。一个油饼6分钱，一两粮票，没有粮票需加两分钱，也就是说一斤粮票值两毛钱；一个火烧也是6分钱，但是需要二两粮票，大概火烧用的面粉多。肚子里缺油水的我们是不敢买两个油饼吃的，一般是买一个火烧一个油饼，把油饼夹在火烧里吃掉，这样早餐就算吃了三两粮食，大致可以保证一上午肚子不饿了。如果是吃两个油饼，上午第四节课的时候会饿的，饿得是那样急迫并难以忍耐。只不过小时候外出吃早点的机会并不多，但是油饼夹在热火烧里的香味至今难忘。难得的总是会被牢记的，我清楚地记得某个冬天的早晨，掀开高台阶上小饭铺厚重的棉门帘时扑面而来的夹杂着炸油饼香味的热浪，味道让记忆有着强烈的画面留存，直到今天。

我上小学、中学、高中的那个年月，食物的供应非常简单、稀少，除了火烧之外，我不知道还有什么烧饼的，有一些大一些的小吃店，里面会有芝麻烧饼，大概是因为有芝麻的缘故，烧饼和火烧的价格都是6分钱，但是烧饼只有一两，在以吃饱为第一要义的时代，肯定是要火烧不要烧饼的。这样的情形延续了很多年，几十年后我开始关注饮食

时，在很长一段时间里没有搞清烧饼和火烧的区别。在一次闲聊中，问过面点大师王志强先生，才算明白行业里是如何区分火烧和烧饼的，说起来也很简单：烧饼的表皮粘有芝麻，火烧的表皮没有芝麻。

烧饼作为一种烘烤类的面食，是汉朝的班超从西域地区带回中原的，唐朝时期已经流行开了。白居易的诗中有过记录："胡麻饼样学京都，面脆油香

新出炉。寄于饥谗杨大使，尝香得似辅兴无。"这种面脆油香带芝麻的胡麻饼就是烧饼。以后的许多年，烧饼传到了全国各地，在以面食为主的北方地区更是演变出多种花样。烧饼很多地方都有，因饮食习惯的不同，各地的烧饼也有其自身的特点，带馅的、不带馅的，甜的、咸的、发面的、死面的、半发面的，表皮上有芝麻和没芝麻的，酥的、脆的、软的、硬的等。据不完全统计，中国的烧饼大概有一百多种，带不带芝麻这件事上，并没有北京地区那样严格的区分。即使在北京，表皮带不带芝麻这个规则只是在面点师那里还严格遵守，街面上那些饭摊、小饭馆则是不管烧饼还是火烧，能放芝麻就放芝麻，芝麻带来的香气能让客人喜欢，还能多卖几个钱。只是各家用的芝麻质量不一，香气也差了许多。烧饼有芝麻，火烧也可以有芝麻，烧饼和火烧的区分已经没有那么明显了，这是饮食混合、融合，根据市场变化、消费者口味的变化做出的调整，也是各地饮食融合趋势在烧饼这种烘烤类面食上的体现。

这次拍摄选择的3家烧饼各有其特点。什刹海边上的李记烧饼是北京传统烧饼，早年间开在鸦儿胡同里，烧饼用料足、烙得好，加上羊杂汤、豆腐汤做得也是老北京那个味道，周边的街坊便把胡同里的这家小烧饼铺当作了早餐食堂。名气慢慢地做大了，四九城来什刹海遛早的人也愿意在李记烧饼铺吃个早点，顺便带几个烧饼回去。岁月流转，李记烧饼铺的生意做大了，烧饼也从开始的5毛一个，变成7毛，到现在则是1元一个。即这便样，李记烧饼每天要做30袋白面的生意，也就是说，一天能卖出一万五千多个烧饼，加上羊杂汤、豆腐汤、涮羊肉和其他清真菜肴，小小的烧饼铺已经变身为什刹海地区有名的清真馆子了。李记烧饼用的标准粉，芝麻是自

己选的，仔细看了一下，粒粒饱满。麻酱也是自己调制的，据现在烧饼铺管事的少东家小李讲，他家烧饼受欢迎的原因就是这秘制的麻酱和精选的芝麻。烧饼烤制的过程中，芝麻香气和麻酱的香气随热度飘出烤箱，引得不少路人停下脚步，驻足闻香。烧饼表皮脆香，内里层次分明，麻酱香气诱人，暄腾适口，咸淡适中。小李说的这些，在拍摄过程中也得到了验证。20年间，李记烧饼铺从一个小饭铺发展成什刹海地区的有名的餐馆，用好材料认真做好主打产品，无疑是成功的最重要因素。

小秦的烧饼铺在房山二中边上一个不起眼的小巷子临建房子里。胖乎乎的小秦是老板也是做烧饼的主力。他告诉我们，他家祖上是山东人，做烧饼是祖上的手艺，传到他这代已经是第四代，一百多年了。

不同于市面上常见的麻酱烧饼的是，他家做的是香酥烧饼。在我看来香酥烧饼虽然还是在烧

饼这个类别中，但是更趋向于点心了。面粉用的是高筋粉，用的是半发面，和面时还要加一点盐进去增加面粉的筋度。制作时加入大量猪油，烧饼的每一层都是用猪油隔开，烤好后从表皮到内里酥松欲碎，吃的时候要捧在手里，否则一口咬下去，桌子上会有很多烧饼碎。

猪油起酥是以前制作香酥点心时最常见的做法，只是这些年人们对猪油越来越畏惧，在食物中很少使用了。小秦的烧饼铺在郊区，人们日常消费中对猪油的恐惧心理没有城里人那么严重，加上猪油的香气确实要超过素油很多，这也是小秦坚持使用猪油的原因。

我对猪油也是喜欢的，动物油脂的香气对我有着无法抑制的吸引力，因此我喜欢小秦的香酥烧饼。但是在这次制作过程中，小秦大概是太想在摄像机前面表现了，给我的感觉用力过猛，猪油用得好像比平时多了一些。酥是真酥了，但是荤油的气味太重，吃起来有些腻人了。甜加油，而且是猪油，如果不是有一个特别好的胃口，这样的吃食几口就够了，再多，香气也会变得浊腻得难以下咽了。

小秦的烧饼铺规模不大，一家人努力做，也只能维持简单的生计。对于手艺的自信与坚持并没有给小秦带来舒适的生活，这和小秦烧饼铺的位置有关。远在城市的边缘，周边的消费能力弱，房子又是拆迁期间的临建房，面对这一切，小秦脸上有些落寞，也有些无奈。也许拆迁真的落实以后，小秦说，那时能把烧饼铺开到县城里去就好了。

寒冷的天气里，小秦搓着手上的面团，对未来充满了期待。

老门框爆肚涮肉在北京有好几家店面，喜欢爆肚和涮羊肉的朋友对这家字号也算熟悉了。老板宋军是个爽快的北京人，每

天忙碌着自己的生意。烧饼是爆肚、涮羊肉标配的主食，不论是早点还是正餐，只要是吃爆肚或者涮肉，北京人总是会要上几个烧饼的。这样的烧饼和其他烧饼铺的没有什么不同，芝麻麻酱烧饼而已。这次老门框的宋军要别出新裁，为拍摄准备的是带馅的烧饼。该粘芝麻粘芝麻，该刷麻酱刷麻酱，最里面却包了羊肉馅，这样一来，烧饼变成了芝麻麻酱羊肉馅饼，从焦脆粘满芝麻的饼皮，到暄腾涂着麻酱的饼心，再到肉香汁多的馅心，这个烧饼的味道瞬间丰富起来，从一个简单的街边小吃烧饼变身为点心级别的芝麻麻酱羊肉馅饼了，这在我的饮食经验中还是第一次见到、吃到。

在烧饼家族中，有馅的烧饼并不少见。老北京有一种小吃"蛤蟆吐蜜"就是其中之一，只

不过蛤蟆吐蜜是豆沙馅，甜的。用羊肉做馅包进烧饼里只不过是这种烧饼的一个变化，只是现在基本上没有人做，变得稀少从而出奇了。老门框的烧饼制作时，起了三遍酥，饼皮和饼肉酥松暄腾效果很好；羊肉馅用的是草原羊的腿肉和腰窝肉，有肥有瘦，加了香油、花椒水、平度大葱等调味。这个烧饼的制作孙立新大师给了很好的建议，调馅时用了蔬菜汁和葱油，羊肉的香味愈发鲜美而膻味全无。饼心和羊肉馅接触的部分，味道更是香润。可惜的是，这种烧饼只是老门框爆肚涮肉为这次拍摄特意准备的，不在他家的菜单上，目前门店也没有供应。我倒是希望宋军能够借《上菜》拍摄的契机，把这种带馅的烧饼做起来，让更多的人吃到这种不错的烧饼。

相对于北京的这些烧饼，我还是喜欢南方的烧饼多一些，黄桥烧饼、萝卜丝酥饼等显示了南方点心的精致细腻，与北方烧饼的粗放比较，显然是好上一些了。

九

煎饼传奇

编导手记

取舍之间的美食之憾

导演 赵雪莲

《上菜》接近尾声，这大半年的调查、拍摄下来，我们都入戏太深。美食带给我们的感受，最初是味道的满足，后来就变成各种挥之不去的遗憾。总是编辑完成，才发现，有许多内容，因为各种原因没有和观众见面。也许这就是编导手记存在的理由之一吧。

这一次，您将在节目里看到一个近乎完美的煎饼，但是，我知道，对于这个煎饼，我心底是压着遗憾和愧疚的。

第一个愧疚就是拍摄时忘记了"初心"。一件事情做熟悉了，就可能大意，可能变成套路，而对拍摄对象少了一丝耐心、敬畏和最初的探求。

这次孙大师推荐的煎饼很是出乎我

们意料，竟然是有30年历史的四星级国贸饭店里的"头牌"。那里除了煎饼抢手之外，馅饼、芝麻酱糖饼，这些街头小吃也很受欢迎，每天早上六七百人选择将这里作为自己一天的起点。而制作这些小吃的人，也颠覆了我们对小吃认识的惯性。这竟然出自一位西餐出身的女大厨之手。

这是一位北京姑娘，叫高宁，是孙大师的徒弟。

孙大师举贤不避亲，一向挑剔的他，直接告诉我们，高宁的煎饼没有什么可改的了，可以直接参加《上菜》最后的比赛。

连商量拍摄带确定脚本，我们连着去了高宁那里三次。每次高宁都热情地为我们推荐国贸饭店的各种美食，可是我们都一根筋地只吃煎饼，并且每次都专门打包回家。仔细想想，这种欲罢不能的感觉，真是久违了。

其实，我们对高宁这个人物是很好奇的。好奇她一个西餐出身的大厨，怎么就做得一手好煎饼。高宁一点也没吝惜自己的故事，从她上学到就职、从和姥姥长大到姥姥去世自己竟然难过到住院，她一会笑一会哭，都讲给了我。

国贸饭店行政副总厨　高宁

可惜，我却程式化地把重点放在了高宁的技巧上。

后来，当节目编辑完成，看着画面里的高宁做煎饼的表情，我忽然感悟到，其实她是在用爱做煎饼。就像她姥姥当年给她做早点一样。

面糊受地球重力下落接触到滚烫的饼铛，会发出若有若无，但是一定能钻进你的耳朵里的"滋啦"一声，这一声，总能打开高宁的微笑开关，这一声，让她眼神里的满足和幸福都快漾出来了。这种爱，让一个四星级饭店的行政副总厨愿意天天出现在灶台前，为大家摊煎饼、烙馅饼。这才是"上菜"，是高宁的煎饼如此受追捧的根本所在，而不是我们套路化地去挖掘制作技巧。

很多孩子都是姥姥带大的，姥姥们虽然大部分不是名厨，可是她们爱给外孙做，而姥姥们的手艺和味道，在一定程度上影响了我们的生活习惯、注定了我们味蕾的记忆。想想我们周边的人，吃什么都无所谓的，基本上都是吃流水线出品的食物长大的；不怎么会使筷子爱用勺子的，八成是部队大院食堂养大的孩子；对某一种味道、某一道菜有情结的，问问，没准就是姥姥带大的。

国贸饭店的老客人特别多，头发花白的更是不在少数。很多人都认识高宁。其实他们没意识到，是儿时的记忆，每天吸引他们来。而他们和高宁之间的感觉，与其说是厨师与食客，还不如说是家人。

记得《上菜》刚刚开始拍摄的时候，往往我们不知道要拍什么，所以就不会放过任何一个线索，会对每一个人物、故事都充满了好奇和敬畏。现在，我虽然可以迅速确认拍摄内容，但是总觉得丢掉了什么。假如可以重新拍摄，我更想讲一个爱的蝴蝶效应的故事：一个北京姑娘童年得到了浓浓的爱，长大以后，让来自世界各地见到她的人，都有个幸福的早晨。

遗憾的是，我们没有时光机器。

《上菜》拍到这个时候，播出和预算的压力不是一般的大。所以我们心安理得地放弃了很多东西。可是我们自己知道，取舍之间的无奈和惭愧。

孙大师虽然说高宁的煎饼已无可改之处，但是依旧有提升的空间。只是这种提升需要高宁自己去感悟、提炼。孙大师指点她去山东

淄博，因为那里是煎饼的故乡。去之前，我们查阅了资料，发现那里有个熟人——蒲松龄。他竟然还写过一篇《煎饼赋》，里面详细记载了清朝煎饼的做法和吃法。如果我们能找到按照300年前的做法做的煎饼，那肯定是我这一集的亮点。

于是我们去了淄博。那里离北京并不远，六百多公里。拍摄前的调查显示，北京随处可见的山东大煎饼不少都是淄博地区制作完成运来北京的。

但是我们在淄博大街小巷找了一天，几乎没见到一个煎饼。唯一见到的一个煎饼摊还是当地五星级酒店的外卖档口。眼看拍摄无法进行，只能打电话求助孙大师。孙大师让我们去找当地的饭店烹饪协会求助。

原来淄博饭店烹饪协会的会长是孙大师的朋友，听说这次我们要拍淄博的煎饼，愿意全力相助。如果没有他们，很可能我们的山东之行，会无功而返。通过淄博饭店烹饪协会，我们去拜访了一位老先生，他叫王颜山，是著名书法家、文史资料专家、人文学者。

这位74岁的老人家，一见到我们，非常高兴，觉得我们能为了煎饼专门来淄博寻根，是有态度的。蒲松龄的《煎饼赋》老人家张口就来。一边背诵，一边讲解。从王老这里，我们得到了很多信息，比如王老年轻的时候，假如姑娘不会做煎饼，是嫁不出去的，那会家家都有做煎饼的鏊子，是个媳妇就会摊煎饼。而现在煎饼在淄博是金贵的吃食，特别馋了，才去买一口解解馋，家里基本不做了。"煎饼"这个词目前知道最早出现在东晋。唐、宋、元一直都有正史记载煎饼作为一种老百姓最常见的吃食的做法。20世纪70年代，更是发现了一份明代万历年间的"分家契约"，里面说"鏊子一盘，煎饼二十三斤"。由于"鏊子"一词的出现，可以确认，最迟在明代万历年间，现代煎饼的制作方法就已经存在了。

　　老人家滔滔不绝地给我们讲了许多文史资料，我们故事听美了。当然最重要的是，王老给我们接下来的拍摄指明了方向——离这里80公里的博山的一个山区里，应该还能找到最接近300年前，蒲松龄吃的那种煎饼。

那里就是我们的下一个拍摄地了。

　　节目里大家可以看到我们在那里的拍摄。帮我们做煎饼的大姐手艺好，做的煎饼整个村里的人都爱吃，而且金黄香甜，和《煎饼赋》里记载的"圆如望月，大如铜钲，薄似剡溪之纸，色似黄鹤之翎，此煎饼之定制也"几乎一般无二。

　　而实际上我们去了好几个村，发现即使在偏远的农村，虽然家家都有鏊子，可惜大部分都已经落满了尘土，看得出，十几二十年都没有用过了。对于蒲松龄记载的那些个煎饼的吃法，六七十岁的老人家还能给讲讲，但她们自己也说，好多年没有吃过了。依稀还记得如何制作。然而，因为拍摄行程的关系，我们没有给大家回忆和恢复记忆的时间。现在想来，实在是太可惜了。这是我这次拍摄的第二个遗憾。

　　我们最初的设计是要从那里带回一口老鏊子，让高宁用它来制作《上菜》最后灶台比赛的煎饼。别看这鏊子基本都在家中闲置，但是一听说我们要带回北京，大家还都舍不得，花钱买都不卖。后来听说我们要在北京给大家讲淄博煎饼的故事，当家的大姐们，显露出山东人的豪爽："拿去！""好好讲讲俺们淄博的煎饼！"

　　我们拿回来的这口鏊子是一位九十岁老奶奶的婆婆用过的，观众朋友可以在节目里看到它。可惜，它要用柴火才能摊煎饼，虽然高宁也知道柴火能让美食锦上添花的道理，但是这不符合我们拍摄场地的安全要求。千里求来，而不得用，让我觉得非常遗憾，遗憾得让我觉得有些对不起这鏊子的主人。

　　几次争取无果，我只能退而求其次，坚持让它出现在了我们的灶台上。这口鏊子从离北京七百多公里的鲁中小山村，来到北京国贸饭店《上菜》的拍摄现场，空间的变换，并没有带来时间的穿越，它依

旧感受不到煎饼的温度，依旧是个旁观者。但是，我们想让大家知道它的存在。

高宁说她会让这口鏊子一直留在国贸饭店，让现在的孩子们别忘了这叫"鏊子"，是祖宗们做煎饼的工具。

高宁在淄博听说了许多煎饼古老的做法和吃法，但是由于各种原因，这次《上菜》没有能够展示。这是此次拍摄的第三个遗憾。有的时候，我们也不太明白取舍的标准，好在有许多客观原因为我们做了开脱。

不过，山东寻根之旅给了高宁很多灵感，她将这些都放在了专为《上菜》设计的一款煎饼中。

当年蒲松龄先生吃一个隔夜剩煎饼，尚且"左持巨卷，右拾遗坠"、"朵双颐，据墙茨，咤咤怅怅，鲸吞任意"，给出"味松酥而爽口，香四散而远飘"、"额涔涔而欲汗，胜金帐之饮羊羔"、"锦衣公子过而羡之"如此高的评价，不知道高宁的这款"上菜"煎饼，会带给大家什么样的享受呢？

寻觅
顶级食材

新 煎 饼
裹 住 好 味 道
—《上菜》
黄 太 吉 煎 饼
革 新 记

导演　陈涛

北京是个快节奏的城市，生活在这个城市里的人腿不停，嘴不停。每到早高峰，出行的上班族从地铁里涌出，在街边的早餐铺随便提溜个早餐，快步走进办公大楼。在工位上匆匆吃个早餐，投入一天的战斗。

忙碌让人变得麻木，连带着味蕾也跟着退化。遍地的洋快餐，便利店里的速食早点，一口一口吃掉食物，也一口一口吞噬了那些曾经美好的味觉记忆。

你有多久没有好好坐下来吃一顿有滋味的早餐了？

本期，我负责拍摄的黄太吉，将新煎饼玩儿成了混搭范儿。

说它新，是因为黄太吉的经营理念新。我在拍摄这期节目前，虽没有吃过黄太吉的煎饼，却早已听说它互联网餐饮的传闻。"划时代"、"传承经典"、"餐饮业O2O点对点"、"炒作"、"时尚大于传统"……网上铺天盖地的报道连带着各色标签，吸引着我对创始人赫畅的好奇。

与黄太吉创始人赫畅第一次见

面，我和他仅仅聊了30分钟，第一印象，这个小伙儿干干净净，语速挺快，对参加《上菜》充满期待。再见面就是在从北京飞往上海的飞机上。这次的飞行，全体人员只有一个目的：改良煎饼酱料。

喜欢吃煎饼的人会一眼认出这是天津煎饼还是山东煎饼。稍讲究点的人，会关注煎饼的原材料是否上等，油条、薄脆是不是现炸。再讲究起来，就是绿豆面、杂合面的比例，大骨汤和面的浓稠……可这都比不上一心琢磨煎饼的赫畅。这个低调、专业、忙碌的哈尔滨硬汉，连煎饼酱的口味改良都要讲究。

改良煎饼酱的口味，对赫畅和黄太吉来说都是不小的挑战。别看它在煎饼里"份量"不那么重要，常常被食客忽略，"地位"却十分重要。这么薄薄一层酱料，直接影响着一套煎饼的口味，四两拨千斤。

黄太吉原来的酱料遵循了传统煎饼的配方：蒜蓉辣酱打底，芝麻酱和花生酱配合提味。这次赫畅跟着我们的节目，大胆革新煎饼口味，踏上寻味之旅。

到了上海，下飞机我们就马不停蹄地去了黄太吉的合作公司，赫畅要找寻一种全新的酱料，来参加《上菜》，和另两家店的比拼！上海方面的负责人为我们展示了市面上的所有口味酱。在赫畅品尝了各式酱料后，最终选出了麻辣、芝麻海鲜、豆豉、蒜香、泡椒豆豉5种备选酱料。

5种酱料，印象分最高的是芝麻海鲜，因为芝麻香醇，海鲜鲜美，可真把这个酱抹在饼皮上，味道却让人有所失望，看上去很美，并不等于吃起来很美。

接着实验麻辣的，这是一种最大众，也是接受程度最高的一款酱，用它，很保险。但赫畅并不满于"保险"，在他看来，麻辣的有一种顺水推舟的感觉，麻辣酱也被去掉了。

给大家带来惊喜的是蒜香酱，和煎饼搭在一起后，并没有满嘴大蒜味儿的困扰，反而满口留香，回味十足。随后，泡椒豆豉酱也凭借豆豉的嚼劲儿入选赫畅的新菜单。

夜幕降临，上海的一整天，我们切实地用舌尖品尝到了黄太吉的用心。

几天相处，嘴不停，腿不停。

带着新的酱料，赫畅回到了北京，接下来就要看郑老师如何能把新酱料融合到传统的煎饼里了。

赫畅不只一次说过，作为传统食品的煎饼果子，其实可变之处并不多，无非就是葱花、香菜、鸡蛋、油条，唯一可变的就是酱料，可如果单单把原有的酱料换成蒜蓉的或者豆豉的，似乎都不能给人惊艳的感觉。传统煎饼果子，到底还能有什么可变之处呢？而作为导师的北京饭店行政总厨郑秀生老师，又会有什么出人预料的做法呢？

带着疑问、忐忑和期待，赫畅等来了郑老师。

郑老师首先肯定了赫畅带回的两种新酱料，味道足，不失传统又不落俗套。随后拿出了3种令所有人始料不及的食材——韭菜、虾皮、肉松。面皮儿、鸡蛋、韭菜、虾皮，大家隐隐感觉到了过年包饺子的节奏。

一切不解和怀疑，在煎饼摊好，每个人吃到嘴里之后，都化为浮云了。赫畅说，这个味道是立体的，像一下子有好几种味道进入嘴里，每种味道既和谐共处，又特点鲜明，蒜香为底味儿，韭菜和虾皮提鲜，肉松甜咸酥三位一体，新款煎饼正式定型，用它迎接另两家店的挑战，赫畅信心满满！

最后说点和《上菜》的比赛关系不太大的事儿。

赫畅从来不承认黄太吉的煎饼不好吃，毕竟众口难调。当然，他也不会标榜黄太吉煎饼味道多么美妙。因为煎饼就是煎饼，你不能要求煎饼具备法式大餐的卖相，也不能要求它像燕鲍翅一样高高在上。这就是一种典型的中式快餐，或者叫街边小吃。但赫畅希望，有一天在外国街边，也能吃到最有中国特色的快餐。为了这个目标，赫畅和他的兄弟们带领着黄太吉，正在，并且已经开始付诸实践。而这一切，需要胆量，需要智慧，需要果断，更需要敢于成为出头鸟的大无畏精神。

随想

吃煎饼才是正经事

煎果儿食堂

有些食物之所以刻骨铭心并非是味道特别，而是因为被烘托在某种特定的场景之中，两相结合之下才有了故事和回味。对我们来说，这个刻骨铭心非煎饼莫属——几乎所有北京孩子心里都有个摊煎饼的梦。记忆中上学之前的早晨，兜里揣两个鸡蛋到胡同口的煎饼摊，金色的阳光映着阿姨的笑容，她动作熟练，把煎饼热气腾腾地递到你的手里，伴着阿姨的寒暄，自行车铃儿在胡同里声声回响，和空中的鸽子哨，像交织在琐碎忙碌生活中的一个光点，在普

煎果儿食堂的两位美女老板

通的不能再普通的每一个早上，成为一天的开始。

　　每每驻足在煎饼摊跟前，看着一小坨面糊摊平摊圆，装饰了鸡蛋的金黄，镶嵌了葱花的碧绿，最后夹上薄脆或油条折叠成被子一样的形状，就忍不住跃跃欲试，想着自己也能来一把。在2013年的深秋，我们两个土生土长的北京姑娘，因为爱做饭，讲究吃，全心恢复儿时味道，和深深的北京情节，于是辞掉让旁人艳羡的光鲜工作，在二环的钟鼓楼边，开了一家卖煎饼的小店——煎果儿食堂。店里布置得清新温暖，味道却复古怀旧，非常文艺与非常市井融洽并存，又不肯相互妥协侵染。

　　市面上大多改良煎饼，而我们一味追求传统，没想到反响不小。如果外带，煎饼装袋，包装上印着大大的口号："吃煎饼才是正经事。"如果堂食，煎饼会切得规整摆盘，端上桌让你对食物的态度瞬间严肃。一顿吃着舒服的饭菜，未必很贵，但它总有能触动舌尖味蕾的最本源味道和直指人心底的情怀。我们帮同龄人追寻儿时记忆，给外来的客人介绍和分享北京味道。店里常常因食而聚的80后的北京青年，吃吃喝喝，边侃着大山。

就这样，小店伴着众多认可慢慢成长着。第二年里一个寻常下午，我们迎来了两位特别的客人。北京电视台生活频道和北京市旅游委共同推出了一档竞技类美食真人秀节目——《上菜》第二季，邀请煎果儿食堂参与其中。第一次见节目编导崔璐和导演孙岩，我们把这次节目邀约当作了一次普通而平常的美食节目拍摄——认真准备，尽力配合，等待收看。之后谁知道光筹备就是几个月的时间，当我们已经快要忘了有这么一回事的时候，节目才真的开始初露端倪，让我们慢慢意识到，这原来是一档远比想象恢弘、精致而专业的大型美食

秀。心里的感觉也逐渐从忐忑、兴奋变成了任重道远。

历时3个月的拍摄，节目组一次次登门拜访，导演孙岩为我们的菜品口味和店面设计一次次出谋划策，如今已经变成了我们最好的朋友。和《上菜》节目组共同工作的那段时间，我俩也好似回到了从前上班的时光。我们一起在严冬的北京，出发品尝全城的煎饼，一家又一家，回来的路上天色已晚，我俩在后座上累得打了盹，导演关小了音响，把我们安全地送回了家。在店里画logo（标志）墙的那天，我们请来了大学的学弟，从下午到深夜，看着煎果儿的标志一点点在墙上完整，导演组的摄像老师都举累了相机。《上菜》节目组，每一次在我们还未开门前到达店里，每一次站在椅子上、躺在地上为了让画面更美，每一次等我们打烊关灯锁门才结束拍摄，这之中，他们好似有无穷无尽的精力和热情，关心我们是否劳累，安排我们的出行饮食，帮助我们改良菜品。在这真的发自内心说，电视人，你们真棒。

从第一次见我们的推荐老师董老师，到节目组和各位评委来店里正式拍摄，除却紧张，更多的是难以揣测美食大师愿意给我们这样不具规模的小店什么样的评价。没想到的是，每一个人见我们的人，第一反应都是赞赏我们的勇气，却也真心为我们能否赚钱担心，光是新

品种和增加利润的方法就提了好几条。此后几次见三位老师，最近生意如何成了他们最关心的问题，生怕俩闺女赚不着钱。有时候虚荣心作祟，真想告诉我们的顾客刚刚来打包煎饼那位就是大名鼎鼎的美食家啊，但同时想想他们的关心，我们也开始不好意思，感觉再不干出点什么成绩，真是对不住几位老师的关心。

2015开年第三天，《上菜》第九期——《煎饼》播出了。晚上8点刚过，本是平时开始打扫的时间，店里却开始小规模地排起了队，附近的街坊邻居节目还没看完，就趁着打烊前匆匆赶来。此后，每天都是看了电视慕名而来的客人，这不禁让我们受宠若惊。每天从早上6点半到晚上10点一直忙碌，煎饼的销量翻了几倍，那段日子好像也并不觉得累，手底下不停地干活，同时面对客人的问询和赞赏，一一解答和感谢。有从很远的地方驱车前来的，有全家出动带着小朋友来品尝传统味道的，还有一天，一位八十多岁的爷爷骑着三轮车带着老伴儿过来吃饭，走的时候说："姑娘，就这样，别换地儿，也别改味儿！"我们心里全是感动，还有对《上菜》节目深深的感谢。店里的流水在节目播出后的第一个周末爆了表，那天所有人已经累得说不出话，结账之后，屋里的人都兴奋地雀跃，我俩激动得红了眼圈。这一年来的辛苦，辞职开店的生活落差，旁人的不理解，刷碗变粗糙的手，不必减肥瘦了十几斤的身体状态，每一个天未亮起床、天黑回家的日子，所有的这一切，通通都值得。

节目播出后，生活频道有一次节目回访，突然被问到参加《上菜》拍摄最大的收获，说了一串貌似很官方的答案，但回头想想再问一次，可能我们仍然会这么回答：比起节目播出后顾客翻倍带来的直接盈利，更难能可贵的是这些老师和编导们对我们的关心和帮助。如果不是这样一个机会，我们又有什么机会和那么多知名餐饮企业比肩共同参与角逐，更不会有机会和平时或许被看作竞争对手的品牌一起交流。开店一年半，几乎每天都被拴在了30平米的店里，一下从朝九晚五的白领变成了现在起早贪黑的小业主，来不及回头看，也容不得问前行的路，在一路摸索中，却幸运地遇到了太多扶持我们越走越好的师长和朋友。

煎果儿食堂只是我们两个北京姑娘想尽绵薄之力宣传北京传统饮食文化的小店，人少力薄，影响范围很小。而《上菜》节目，让更多的人认识了我们，也让我们在美食圈里认识了更多厉害的同行，学到了很多。想想这一路走来运气太好，我们唯有更加努力和专注地坚持走下去，能回报这些支持我们的朋友最好的方式，就是看店里顾客盈门，走时大加赞赏，还好真的做到了。

随想

烹饪是燃烧的艺术

国贸饭店　高宁

《上菜》播出一段时间了，回想起参与节目的点点滴滴，让我非常感慨！走近节目组与这个团队里陌生又亲切的老老少少相处了短短几周，才发现从电视画面的平面到与他们并肩作战的立体，这中间的内容丰富多彩、耐人寻味，发现了这是一群工作起来非常忘我的集体。他们的热情似火，他们的行动如风。他们做事的执着以及敬业精神让我为之感动，这个团队在用灵魂书写着他们的事业篇章！

最让我始料不及的是《上菜》节目深深地触动了我，让我毫不犹豫地挤出时间认真梳理了自己从业二十多年来对于烹饪的感觉。因为《上菜》节目我开始思考这如烟飘过的25年。

我非常欣赏当今世界西餐厨艺界领袖——八十多岁的法式料理厨艺教父保罗·博古斯，他在所著的《圣火》书中写道："烹饪是燃烧的艺术，就像和你的情人幽会，你必须放肆一点，投入一点，去享受那个浪漫而富有创造力的过程。"对于我来说制作创意菜肴是个美妙的心灵旅程，可能为此会废寝忘食辛苦疲惫，但心灵得到了升华收获是无价的。一路走来我怀着敬畏之心面对我的工作，用一种寻觅饮食知音的心情对待我们的客人。用我们的菜肴为客人传递美好、快乐和健康。

　　我与煎饼结缘是在2007年，那时候我的老师辛涛女士希望北京小吃能够落脚于三江咖啡厅，从此我开始学习琢磨北京小吃。国贸饭店的餐饮走向就是我成长的过程。三江咖啡厅从1989年到1994年主打德式、法式传统菜肴，1995年开始有东南亚美食入驻这里，开启南洋菜进入京城的新篇章，而2007年至今北京小吃就在三江咖啡厅开花结果落地生根啦。纵观自己跟随世界名厨刻苦

学习西餐烹饪理论基础和传统菜肴、几次三番到新加坡学习地道的排档美食、在京城街头巷尾追踪北京小吃，着实地寻寻觅觅……不免眼前晃动着众位恩师的笑脸，对于他们我由衷地心怀感激。喜欢制作创新菜肴的我更注重传统菜肴的掌握，传统烹饪理念是创新菜的基础，这是我心中的天平。

传统煎饼在三江咖啡厅非常受欢迎，那时候我就开始为常客量身定做各种风味煎饼，客人们为之欢愉雀跃。然而国贸煎饼应邀参加《上菜》节目我的心里就没底了。这时候我的师傅孙立新大师建议我去山东寻根，寻根之路让我收获颇丰。山东人民让我知道了煎饼的理念就是如万花筒一般可以包罗万象，从此我信心满满，多年来积累的中西餐经验，把西餐东南亚餐的元素注入在煎饼里面让煎饼"说话"，丰富多彩的煎饼卷裹着国贸人的热情为五湖四海的宾客送上最真挚的问候！

《上菜》节目让更多的人走进国贸饭店，《上菜》节目让我熟悉了这些战斗在媒体战线上的兄弟姐妹们，他们如火炬一样，燃烧着自己照亮人们追求美食、寻求健康的道路。

　　北京市面上流行的煎饼果子是天津的著名小吃。天津人吃这个很是讲究。面一定是绿豆面，而且是当日凌晨现磨的，油条、薄脆一定是当天炸的，否则天津人就不买帐。煎饼果子的果子的果字其实应该是"馃"，油炸食品的统称。天津的煎饼果子是煎饼中加油条或是薄脆（天津人叫馃篦儿），属油炸食品，后人简化省事写成了果子。

　　这种天津的小吃，其源头大概和山东煎饼有关。煎饼是山东很普遍的一种吃食，当年山东人闯关东，把这种吃食从家乡带到了东北，估计路途中有人在天津留了下来，也让山东的煎饼在天津扎下了根，经过天津这个九河下梢、华洋杂处开埠大码头的改造，形成了今天在京津地区广为流行的煎饼果子，与山东本地的煎饼已经完全不同了。

　　煎饼是中国北方常见的一种主食，传说和诸葛亮有关。三国时期蜀汉兵败溃逃，慌忙中灶具丢得一干二净。等到稍稍可以喘口气的时候，士兵饥肠辘辘却无法做饭了。诸葛亮灵机一动，让伙夫调稀面粉，用军中的铜锣做炊具，底下烧柴，把稀稀的面糊摊在铜锣上烙成面饼，算是让士兵吃上了一顿饱饭。这种做法流传下来，成为煎饼的最早的范本。不过，铜锣受热易裂，后人用铁制的鏊子代替铜锣，煎饼就逐渐流传开来。山东的煎饼干硬薄脆，和面的时候可加盐或者加糖，形成咸甜两种口味。因为干硬水分少，可以长时间保存，成为行旅中便于携带的干粮。中国饮食文化中有"路菜"一说，山东人带着煎饼闯关东，煎饼就是很好的一种路菜。

煎饼这种吃食在以面食为主的中国北方很多地方都有，所用的材料也各不相同，大致有白面的、玉米面的、白薯面的、米面的、杂粮的、绿豆面的，内容也不尽相同，京津地区是煎饼包着果子吃，西安是夹着酥肉和豆腐干吃，山西有夹着猪头肉吃的，山东最著名的是煎饼卷大葱，也有裹着虾皮和葱丝吃的，种类繁多，不枚胜举。各地风俗不同，

物产不同，食俗不同，煎饼这种吃食在不同的地区也就随之演化出多种形式，成为当地人喜欢、习惯的风味食品了。

煎果是个小餐馆，刚刚扩充到两间门面，开在北京老城区的旧鼓楼大街上，主打的产品是街边的吃食煎饼果子，这个小餐馆的故事和两个美女有关。这里说"美女"不仅仅因为她们性别为女，而且真的比较好看，而且耐看。用句通俗话的说，就是乍一看不错，仔细看看还真是不错。煎果在这里有着双重意思，一是说这是个卖煎饼果子的铺子，二是说作为店主人的两个女生对自己的容貌还有着几分自信。尖果

儿，老北京话里是漂亮女孩的意思。煎果—尖果儿同音，点名了自家的主题，也为自己做了一个广告：美女开的煎饼铺。在美女被泛滥使用只具备区分性别的功能之后，两个长得还不错的女生开个煎饼铺子，自然会引起一些好事者的注意，当然我就是那些好事者之一。

《上菜》第二季拍摄计划中，煎饼果子是其中一集的主题。这种吃食多是路边摊经营，上班的人们用它来随便对付个早餐，赶晚的人来一套权当宵夜。一张薄薄的杂粮面饼和鸡蛋摊成一体，中间裹上一个根油条或者一片薄脆，再刷点甜面酱、辣椒酱、葱花、豆腐乳等调味，说起来倒也热闹，吃起来随意简单，味道层次也不少，咸鲜酥脆的口感也不错。一套煎饼果子吃了，热量和分量都可以支撑一个上午

的工作了。于是北京街头可以看到煎饼摊，无论早餐还是宵夜，都能见到不少人一边吃着煎饼果子，一边疾步狂奔。

《上菜》第二季拍摄的主要还是天津版的煎饼果子。选取的三家餐馆制作的煎饼虽然都和天津煎饼果子有密切的关系，但各家出品很不相同，有的要忠实于传统的煎饼果子，煎果食堂就是这样；有的则是根据自己的理解和市场的需求对煎饼果子的内容做了大胆的创新，国贸饭店的

出品这一点表现很是突出；有的则把互联网思维运用到煎饼果子的产业中，在短时间内赢得了很高的市场知名度，黄太吉就是这样的企业。对于这三家的产品，消费者的评价见仁见智，大体上还是根据自己的口味喜好和习惯做出评价。不管是哪一种、哪一家，都有自己的"粉丝"，都有自己的市场，好吃不好吃是自己的喜好，正宗不正宗确实不能拿来作为评判标准的。简单地说，在菜品发展的历史上，要想寻找

所谓源头的正宗，基本上是一件不可能完成的任务。因为菜品总是随着社会发展变化进行自身的改变与调整，我们无法像数学里的微积分那样把某一个点设为静止的绝对的，并以这样的维度观照发展变化中的菜品。数学是抽象的、理性的，煎饼果子则是具体的、感性的。与烧饼和火烧一样，煎饼这类吃食实在没必要坚持什么正宗味，街头小吃做到与时俱进最好，只有这样才符合食物进化的历程，也才能合上千变万化的社会节奏。

我在微博上发了一条国贸饭店做的煎饼果子，煎饼里裹着5个薄脆，每一层薄脆上还洒了一些坚果碎，刷的酱料也和街边摊的不同。这样的煎饼我吃的感觉不错，但是有些网友说这样的煎饼不正宗或者说我根本不懂煎饼。我不懂是有可能的，每个人都有自己不知道、不了解的，食物、菜品千千万万，要想每一种都知道、都了解大概很难有人做得到，但是大致会有一个基本的规范与道理，就是不能违背食材的本性和烹饪的基本原理。至于是否正宗不是我考虑的，我考虑的只是好吃不好吃。在市场因素决定餐厅存亡的今天，好吃才是硬道理，正宗是可以忽略的，这也正是国贸的煎饼虽然价格高，但是仍然受到欢迎的原因。有人说黄太极不好吃也不正宗，我不这么认为，吃过黄太吉的煎饼果子，个人感觉味道还是不错的，食材品质也是值得信任的。但是互联网思维的营销模式让他们短时间内取得了很高的知名度，在资本市场赢得了很高的估值，这已经与食物的好吃与否无关了，更多是一个和财富膨胀有关的传奇了。

十

烤羊腿

霸气十足的

编导手记

抱朴守一
先继后承

导演 赵雪莲

终于还是到了要说烤羊腿的这集了，这是这一季《上菜》的最后一道菜。就像每周过了周二这一周就突然加速了一样，从6月开始拍摄的《上菜》，原本以为永远也拍不完似的，可是过了"烤鱼"那集之后，就一切都在加速。不论是确定拍摄方向还是日程安排，快得让我甚至隐隐有些不安。但是，又不知道问题会从哪里出现、什么时候出现。那种不安，像极了夏天晚上刚关上灯躺下等蚊子。

侥幸的是，蚊子一直没出现，可是我刚要打起幸福的小呼噜，"嗡嗡嗡"的声音就出现了——烤羊腿的拍摄安排是先

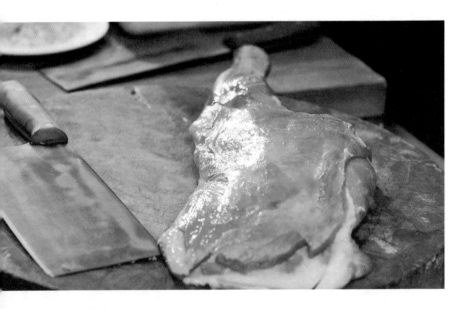

灶台再练菜。这本身是矛盾的。不练菜、不经过孙大师的指导，我们在灶台上如何制造出必胜的烤羊腿呢？

但是，没有办法，拍摄的日程安排就是这样，虽然谁也不想发生这样的事情。

我跟的孙大师这组要拍摄的烤羊腿是一个非常有故事的店——皇家冰窖小院。故事多得我此刻都不知道该从哪个讲起。但是，现在没有时间考虑故事该如何讲给观众，最重要的是，我们要在灶台录制的前一天和孙大师去调整这家的烤羊腿。而那一天，孙大师还要完成"烧饼"的灶台录制。于是，我们能支配的时间只能是录制前的晚上。可是，孙大师已经连续录了三天的灶台比赛，更要命的是，其中一天在房山的录制是户外，天寒风大，我们的机器都冻坏了一台。孙大师也冻病了。

皇家冰窖小院的烤羊腿卖得向来很好。这家店在一个只有一车宽的窄胡同里，胡同叫恭俭胡同。传说以前叫"宫监胡同"，是可怜人手起刀落就能变成公务员的地方。虽然挨着故宫，但是没走过大官，不讲排场，这么窄也是可以理解的。店门口几乎没有停车位，多大的

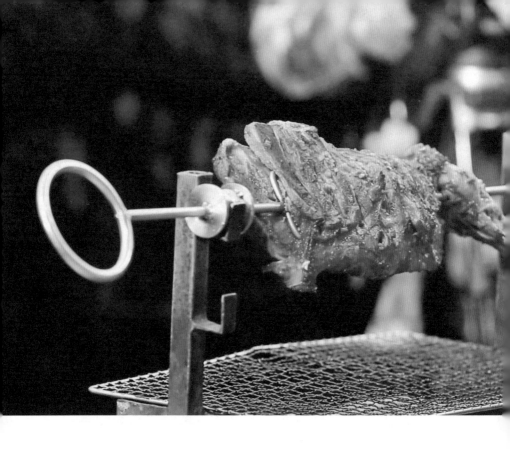

腕儿去他们家，基本都得靠走。即便是这样，有不少人就冲着他们家的烤羊腿来，一年四季都有排队的日子。

但是孙大师还是不放心，我们也期待孙大师的技法和经验，能让皇家冰窖的烤羊腿锦上添花。于是我们拍完烧饼的灶台，还是和孙大师来了小院。我们想，即使不能先拍练菜，纸上谈兵也是可以临时抱抱佛脚的。

在去皇家冰窖的路上，孙大师开始发烧。我们想，就是去动动嘴，应该问题不大。

皇家冰窖的老板王丽辉先生是个地道的老北京，他说他和这座冰窖非常有缘，就用自己做其他生意的钱，投在这里，不图别的，就是

皇家冰窖烤羊腿

喜欢这里。在这里他也结识了很多有故事的朋友。他的烤羊腿的方子就是一个朋友提供给他的。这个朋友是东兴楼上个世纪30年代的主厨郭文忠老先生的关门弟子，今年都七十多岁了。

大家都知道东兴楼是京城八大楼之首，但是不知道它的真实身份吧。王丽辉先生说，这个东兴楼的真实东家是清朝内务府。用现在的话说，这东兴楼其实就是清王朝内务府的"三产"。他们家烤羊腿的秘方，就是东兴楼的名厨郭文忠老先生的关门弟子亲自传授的。这个烤羊腿的方法大家会在节目里看到，如果您不嫌麻烦，也可以在家里试试。

这个方法大概的流程孙大师也是知道的，是非常好的一种方法，可以让羊腿外脆内嫩，绝不塞牙。不过，这位郭老前辈的关门弟子现在身体不太好，皇家冰窖小院的菜这多半年来，一直是他的一个80后的小徒弟在打理。孙老师的担心是：现在皇家冰窖的烤羊腿能做到老师傅的几分水平。

我们到了冰窖的时候，羊腿已经烤好了，年轻的厨师对自己的烤羊腿非常有信心，说很受食客欢迎。

但是，孙大师却并没有尝，而是问厨师最近什么客人比较多。

开始我们以为孙大师身体不舒服，没胃口。就想赶紧说完第二天灶台怎么烤，出个什么彩，咱们赶紧撤退。说实在的，连着录了好几天，我们的体力、脑力也有点盯不住了。

但是孙大师一直在问客人的情况。厨师说台湾人比较多。

孙大师说，这个羊腿改了方儿了，不入味，颜色淡。

厨师说，客人喜欢。

孙大师说这个口味不适合北方人以及大部分食客，已经不是清宫烤羊腿的面貌了。

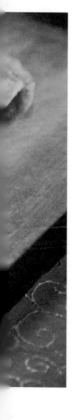

厨师说，这个羊腿走得不错。

这个时候，我听见了那个一直躲躲藏藏的蚊子的嗡嗡声。心想，完了，厨师和孙大师意见不一致，又没时间练菜，明儿的灶台要出事儿。

孙大师提了几项建议，其中包括在腌制的时候加入西餐的香料来去膻气，煮羊腿的时候，上酱油、开花刀，增加皮的脆感。但是由于当天晚上实在来不及实验孙大师的方法，厨师觉得保险起见，还是按照他现在的方法来参加《上菜》灶台的比赛录制。

老板王先生说他尊重自己厨师的选择。

孙大师说："那我给你一个蘸料方儿吧，比赛的时候你一定要用。"

孙大师把方子发短信给了皇家冰窖的年轻厨师。那个时候，离比赛录制只有不到10小时了。

这是一次导演、推荐老师、老板对菜品味道完全不知道的美食比赛。

灶台比赛如期录制。

现场所有评委和工作人员都被这座冰窖震撼了，他们在这座清代末期的皇家冰窖里忙着照相和了解这座冰窖的故事。

这座冰窖的拱门后面就是北海公园的濠濮涧。一两百年前，这个季节，濠濮涧的冰源源不断地通过这道拱门，从一个巨大的木板滑进这座冰窖，静静地等着夏天的来临。那个时候，这里的冰，就会被皇族贵胄们捧在碗里，清凉落在心里。现在两百年前那块巨大的运冰用的木板，就是评委们品尝美食用的桌子。

挂在冰窖门口的单五酒，也占用了大家不少手机内存。这个酒的故事只能在另外的场合讲给大家听了。节目里也会有一小部分介绍。

孙大师却一直在检查灶台上摆的东西。看得出，他有些失望。因为灶台上没有酱油，羊腿也完好无损，没有改花刀。年轻的厨师挺高兴，跟孙大师说："大师您那个腌羊腿的料真不错，我早上腌了效果不错。您那个蘸酱太棒了，我炒了一锅。"

果然，评委们对冰窖、蘸料和单五酒的印象要比烤羊腿深刻得多。

录完皇家冰窖的烤羊腿，又连续录了另外两家的灶台比赛。年轻的厨师忽然问我："赵导，咱们能重新录灶台么？"我说当然不行。厨师说："哎呀，我按照孙大师说的方法烤了羊腿，真香。我想重新做。"

这个结果，是在我预料之中的。前9个菜，经过孙大师的调整，都有很大的提升。而这次，因为我们录制安排的原因，孙大师和店里的厨师，没有磨合的时间，我们知道一定会有问题。如果，厨师能有时间实验一下孙大师的建议，我们相信，这次"上菜"的烤羊腿，会是又一次惊艳。

其实，孙大师说，如果厨师能原样复原出他师傅的烤羊腿，也应该是相当不错的。可惜，这位厨师受到了食客反馈的干扰，善于总结是好的，但是改变一个上百年的方子，不是那么容易改好。这种秘而不传的老方子，是在多少代厨师的手中提炼又提炼，是返璞归真的精华。作为继承者，首先就要保持它本有的纯，先要"继"，才能

"承"。客人自然是众口难调，但是这只是"相"，而不是美食的本质。如果执着于外相、虚相或个体意识，就会丢掉初衷，偏离本质。

现在节目已经全部录制完成，但是"上菜"并没有结束。2014年的最后一天，我们去皇家冰窖补镜头，看见那位年轻的厨师穿着一件单薄的厨师服站在店门口深呼吸。他说："赵导，你闻闻，香不香。"我裹紧了身上的两件羽绒服，在数九天的门口站了一脚，跟他说："用得着这么闻么，还没拐弯就闻到了。以后你们家可以添个新菜——清宫羊汤了。"

皇家冰窖的老板说，由于"冰"和"兵"同音，所以，政府一直对冰窖管得很严，是绝对的垄断管理。过去没有冰箱、冰柜，所有需要低温储存的美味都在冰窖里封存。正因为这样，这座冰窖一直到上个世纪80年代还一直在使用。那个时候全北京人民餐桌上的蒜苗、带鱼、京白梨基本都是从这儿拉去的。这里是北京人的美食之源。历史变迁，今天这座冰窖因为《上菜》又和全北京人有了关系，我们希望，2015年，这里的每一道菜，都能无限接近美食的根源，继承传统，美食有根、文化有源。

寻觅
顶级食材

干腌变湿腌
勇闯新路

调料换大料
味不寻常

99顶毡房

专门开辟的大园子，错落有致的蒙古包，看似无心排列，实则有心设计，这便是被许多食客熟悉的99顶毡房。99顶毡房是参加《上菜》的第30家饭店，也是最后一家，这最后一家能否呈上压轴之作呢？毡房总厨杨玉平嘴上没说，但却用实际行动表态了。

选羊。望闻问切，看肉质，闻味道，手敲羊背测肥瘦，再问这驰名天下的盐池滩羊的饲养方式，最重要的是一只一只地将最适合用来烤制的滩羊从羊肉林立的市场里仔细地挑选出来。乘兴而来，满载而归。

湿腌。此前，杨玉平烤全羊也好，烤羊腿也罢，都是用盐和调料在羊肉上抹擦，行话叫干腌。而这次，他决定全盘接受董克平老师的建议，摒弃一贯的做法，首次采用湿腌。就是先将盐抹擦在羊肉上，而后把胡萝卜、沙葱等蔬菜打碎成汁，拌入敲碎的孜然，搅拌成汤汁对羊腿进行5个小时的浸泡和腌制。

换料。除此以外杨玉平还进行了更大胆的改革，就是从宁夏牧民那里

学到的用大料来提香。无论是郑大咖，还是孙大咖，都是不建议把大料用在烤羊腿上的，尤其是郑大咖正式提出跟羊腿最般配的是当归。然而，在杨玉平看来，一向不用的未必就真的不能用，也未必就真的用不出彩头来，关键是怎么用，用多少，和蔬菜汁以及其他干料的配比要好。

如此，上等羊肉，湿腌进味，大料提香，明火生烤，99顶毡房颠覆性地研发出一道全新口味的烤羊腿，而且还要"一腿三吃"，怎是一个"赞"字了得啊！

饮馔笔记

董克平

拍摄到了烤羊腿部分，北京电视台生活频道制作的大型美食真人秀节目《上菜》第二季餐厅拍摄部分算是进入尾声了。从酷暑的8月到严寒的12月，几个月的忙碌之后，终于看到了片子完成的曙光，这一年的辛勤也就随着《上菜》第二季的拍摄与播出快要画上句号了。烤羊腿，蒙古族名菜，是从烤全羊演化而来的一道羊肉烧烤菜式，流行于西北地区。相对于体型硕大的烤全羊来讲，烤羊腿的适应面广泛了许多。一只烤全羊，十几斤二十斤重，没有七八个人很难吃完，一只烤羊腿大致有3斤，足够两三个人吃的，要是人再多两个，配上几个其他的菜式，也就可以尽兴了。不大的羊腿无论是腌制还是烤制，要比全羊方便许多，于是成为这几年京城里很是流行的一道羊肉佳肴。烤全羊只在不多的大型或是特色餐厅有售，而烤羊腿则走进了京城家常菜的菜单，街面上很多餐厅的菜单上都有这道菜。虽然这道菜各家餐厅菜单上的名字都是烤羊腿，但是风格不同，烤羊腿呈现的方式与味道也就各有特色。这次拍摄去了三家餐厅，三家餐厅的烤羊腿有着很大的不同。皇家冰窖小院是一家做鲁菜和北京菜的餐厅，餐厅在北海公园东墙外边的恭俭胡同里。老板的先祖是这个冰窖的建造者和拥有者，公私合营后，冰窖成为国家的产业。时光到了新世纪，冰窖主人的后代王先生在一次文物普查中回到小院，皇家冰窖成了一个堆放杂物的仓库，虽然冰窖在一条胡同的深处，地点偏僻且不易停车，王先生觉得如果把冰窖承包下来做个餐馆，打出皇家的招牌还是可以做的。同时这样做也是王先生的一份情怀，冰窖毕竟是自家祖上的产业，在这里做餐厅，会得到祖先荫庇的，皇家冰窖就这样开业了。餐厅的主厨赵师傅来自山东，是位年轻的80后。烤羊腿作为餐厅的主打产品，是赵师傅给老板的建议。要说这个建议是个不错的主意。皇家冰窖建造于清朝末年，服务对象主要是满清皇族。清朝起源于关外，食物以烧烤为主，餐厅用烤羊腿做主打菜品，倒是可以利用满清皇家旗号作为宣传点。但是这个烤羊腿和满清皇宫的烤羊腿有没有关系，却是一件无从考证、也无法考证的事情了。不过有出处总比没出处好、有的说总比没的说能够让吆喝的理由充分一些。皇家冰窖小院的烤羊腿是先用酱汁、香料腌制，然后煮熟，再进烤炉烤制。这是一种常见的做法，可以保证羊腿从里到外都能熟透，外皮也可以做到酥脆，只是里边的羊肉缺乏烧烤的烟火气，吃起来不是那种滋味了。这样的烤羊腿要想味道好，腌制上需要下一番功夫，羊的产地也要讲究一些，最好是草原羊、滩羊这样的品种，要是用圈养的，味道膻不说，肉质也粗糙一些。皇家冰窖小院在腌制羊腿时，孙立新师傅建议他们在原有的香料之外，切一个苹果并加一些蔬菜汁，可是大厨很是固执，认为他掌握的方法是最好的，苹果没切，整个放进去了，这样放不放苹果的意义已经不大了。在酱油的使用上，赵师傅也比较保守，用量少。羊腿烤出来，颜色不漂亮，味道也差强人意。如果没有孙立新师傅调的蘸料弥补，这个烤羊腿在我看来就是一个失败的作品。颜色发白，香气不足，咸淡味不够，外皮是烤，内里质感与煮熟的没有什么区别，是一条名不副实的烤羊腿。皇家冰窖小院虽然名字很是响亮，出品却是不能令人满意的。

碳花餐厅的烤羊腿在簋街上很有名，曾经和《美食地图》的梦遥一起去那里拍过一次。那家小店在簋街北面的一条胡同里，下午去的时候，餐厅满满的，等了一会才给我们腾出一张桌子拍摄。他家的烤羊腿是腌制好后，先烤到八成熟，然后羊腿和炭火

一起上桌，可以边烤边吃，而且可以根据自己喜欢的口感决定烤的时间和成熟度。这样的做法给了消费者自己动手的机会，肉质的老嫩、味道的好坏有时候可以由自己决定，这样的参与感让很多自诩为吃货或是老饕的人有了表现自己的机会，也由此在京城食客中赢得了自己的名声。郑秀生先生是碳花餐厅的推荐者，把自己多年的经验无私地传给了碳花的大厨。郑先生建议在腌制羊腿的时候加进苹果、番茄和洋葱。这种腌制方法是郑先生在北京饭店工作时，从赛福鼎先生夫人那里学来的。赛福鼎是维吾尔族人，来北京后住在北京饭店，但是饭店做的烤羊肉串总是不能让赛福鼎先生满意。为此，赛福鼎夫人到厨房亲自为老公烤羊肉串。郑先生心细，详细记录了赛福鼎夫人腌制羊肉串的过程。这也是郑先生第一次见到用苹果、番茄、洋葱来腌制羊肉。经过这样的腌制，烤出的羊肉串赛福鼎先生很满意。郑先生说，他原来是不吃羊肉的，可是吃了赛福鼎夫人烤制的羊肉串之后，才知道羊肉原来如此美味。苹果、番茄、洋葱是新疆人常吃的东西，气候环境也让这几样东西在新疆长得好，味道佳，用果蔬汁腌制羊肉，有很好的祛膻增香的作用，果酸、果糖和蔬菜的弱碱性汁液，对属酸性的羊肉有很好的中和作用，用它们腌制羊腿，羊肉的滋味更为鲜美了。这一点在品尝过程中，得到了大家的认可。在我看来，不仅是羊肉，凡是用来烧烤的肉禽类食材，大致都可用果蔬汁腌制，韩国烤肉会用苹果、梨等水果腌制肉类，大致就是这个道理。为了让烤羊腿的滋味更好一些，郑秀生先生还调了一种蘸料，大致有芝麻、香油、酱油、醋、苹果碎、番茄碎几种材料，当场的评委北京电视台新闻主持人吴冰在烤羊腿没上来之前，直接吃掉了半碗蘸料，证明了郑秀生先生这种蘸料的美味。切下一块烤好的羊腿直接吃，烟火气中皮脆肉香；蘸着蘸料吃，酸鲜果香裹着肉香，又是一番滋味了。

收官拍摄是在99顶毡房进行的，这是西贝餐饮管理公司的产业。在内蒙古长大的创始人贾国龙先生大概有草原情结，生生在北京城边上圈了一片地，摆上了许多个蒙古包，做了一个专做西北菜的餐厅。走进餐厅的庄院，树影下草坪上有很多大大小小、形制各异的蒙古包。王爷用的面积大，牧民用的小一些；蒙古族用的包顶平，哈萨克族用的包顶尖。顶尖的是为了防大雪，顶平的是为了防大风，不同地区气候条件不同，蒙古包的形状也

就不同。如果有时间把这些蒙古包细细看过了解过，对边地少数民族的生活习惯也可以有些了解了。作为内蒙古走出来的餐厅经营者，贾先生对羊肉有着近乎苛刻的要求。去年我曾经和贾国龙先生驱车6000里，在草原上寻找最美味的羊肉。散养的草原羊是他们最终的选择，这种选择也为他们的出品带来了好味道，赢得了市场的认可。针对烤羊腿这道菜，我建议毡房的总厨试试宁夏的滩羊。在今年初秋的时候，我在西北搜鲜，分别体会了兰州、宁夏、西安的羊肉，个人认为最好吃的是宁夏的滩羊。盐池滩羊是中国地理标志产品，肉质细嫩，无膻味，脂肪分布均匀，味道鲜美。滩羊的美味与其生长的环境有着密切的关系，盐池草场盐碱化普遍，水中矿物质含量丰富。牧草中甜甘草、枸杞、紫花苜蓿较多，羊吃既是牧草又是中草药的食物长大。正是因为这些因素，造就了宁夏滩羊的美味。大厨听了我的建议，自己跑到宁

夏盐池县去找滩羊了。一圈跑下来，觉得滩羊很适合烤制，决定就烤滩羊腿了，腌制时除了常规的香料之外，加入了蔬菜汁、苹果汁、柠檬汁，羊腿完全浸泡在料汁中5个小时，滋味完全浸透了羊腿后再进行烤制。腌制好的羊腿用铁夹子夹稳，放到由机械控制翻滚频率的铁架子上烤制。多番翻滚之后，羊腿变了颜色，表皮金黄，肉香溢出，油脂落到炭火上吱吱作响，羊腿也就差不多烤好了。三家餐厅的烤羊腿各

有特色，在选材、腌制、烤制几方面综合考量，99顶毡房的出品可以说是出色的。滩羊的品质在食材上得的分数比较高，自动化的设备让羊腿受热均匀平衡，腌制中果蔬汁的加入让羊肉纤维变得细嫩，鲜味更为突出。端坐在蒙古包里大汗位子上，服务员把切好的烤羊腿和蘸料端过来摆在面前，隆重的仪式感让这份精心选材、精心制作的蒙古族传统美食瞬间高大上起来，愈发地美味了。

十一

味道学院

开启味蕾的课堂

● 味道学院院长 何亮

我与《上菜》

准确地说，我与《上菜》的结缘绝不仅仅在《味道学院》，从2013年《上菜》第一季到去年的《上菜》第二季我都参与了策划与拍摄工作，作为这档节目的策划者之一，我有幸亲眼见证了《上菜》的成长，也在《上菜》中收获良多。如果说《上菜》第一季追求的是美食真人秀的形式的话，那么《上菜》第二季则追求的是美食的内涵，犹如一位美丽青涩的少女成长为一个有内涵有深度有包容的少妇，也许这个比喻不太恰当，但是她确确实实成长了、成熟了、美丽了！

2014年5月的一个下午，我接到《上菜》栏目组的邀请，前去北京电视台开《上菜》栏目策划会，在会上制片人王昱斌讲述了拍摄《上菜》第二季的想法，《上菜》第二季的核心理念大致为：不仅要给观众展现美食，更要追本溯源，讲美食的门道，讲美食工作者对美食的尊重与执着。

听完制片人的陈述，我非常欣喜地感到这些电视人对美食的理解是深刻的，他们想表达的理念是正确的，是值得我们尊重和敬佩的，在商讨完节目框架之后，我提出了味道这件事，制片人王导和总导演杨凡欣然接受，我们兴奋地策划着如何把味道这件事放在节目里展现，最后商讨的结果是，每一集结尾处留出3~5分钟，针对每一集的菜品来讲解如何品尝这道菜，带出味道的原理。我在想，当电视观众看完前面的三家店的比拼之后，已经是垂涎欲滴了，这时候我们再来讲解如何吃出门道、吃出品味、吃出内涵，这将是一件多么解渴的事儿啊！在会上，王导和杨导给这个小板块起了一个好听的名字"味道学院"，我不得不承认他们的思维敏捷、博学智慧！我只说出了想法，他们能立刻给予这个想法准确的定位，这样的合作伙伴夫复何求!

接下来,我便开始运用多年所学,搜集整合资料,努力在想味道这件事到底通过怎样一种方法传达给观众,让大家既能听的懂,还不至于太枯燥,还能运用到日常生活中,其实,味道这件事我一直在研究,通过这次的合作,更加快了我对味道这两个字深度和广度的理解和认知,箭在弦上,不得不发!

我与味道学院

在接下来的日子,我频频往返与北京电视台和学校之间,经常上午在学校处理日常事务,下午去北京电视台开会,我与《上菜》变得密不可分,不管我在学校、家里、外出都能不时接到编导们打来的咨询电话,他们对美食精益求精,哪怕很小的一味调料,拿不准的都会打来电话请教我,经常为了解决节目中的一个知识点,把手机打得发烫,我也乐此不疲帮助大家解决难题,我从中也收益良多,这种方式也无形中督促我不断自我提高。

渐渐地,节目开始拍摄了,从导演们发的朋友圈我看到了他们披星戴月的拍摄节奏,全组人从制片人、总导演到分集导演、摄像、灯光师、制片人、道具师,每一个工种,每一个工作人员都像冲锋的战士,瞪着发红的双眼盯着每一个画面,他们追求每一个细节到近乎苛刻的地步,就为了出精品,出好节目,一边为他们的敬业精神感动着,一边为味道学院做着准备。

节目拍摄到中期时,制片人王昱斌告诉我,由于节目设置的问题,味道学院无法完成每集都有的形态,只能留出一整期的时间来讲味道学院,并在半个多月后开始录制"味道学院"。这个决定让我多少有些措手不及，但我知道这已是无法更改的事实，我欣然接受！

接下来的半个月，我与"味道学院"的分集导演郭红开始筹备"味道学院"的内容和表现形式，我提出了"五味"原理，即运用人体的五官衍生出的"观味"、"嗅味"、"尝味"、"听味"和"心味"，这个五味理论目前在国内算是首创，还没有人把味道这样进行划分，为何这样划分味道，主要是基于对观众的传播的考虑，五味理论确立了，下面就是如何演变成电视节目，让观众能通俗易懂，这是最难的，策划工作一度陷入困境。

我们把每一味拆分成一个个游戏和测试题，但是都会从中找出不足和缺失，似乎没有一种方法能准确全面地把每一味的理论表达出来，后来又想到用上菜的10道菜来诠释五味，问题又来了，这10道菜大家知道如何品尝了，那么其他菜呢？还并不全面。最终，我们确定了6道经典菜式，用这6道传统菜来诠释五味，这6道菜几乎涵盖了酸甜苦辣咸香酥嫩等口味和口感，几乎可以较为全面地诠释五味原理。栏目组制片人、总导演及导演们都出谋划策，慢慢地便有了用巧克力、南瓜雕刻的五官模型、有了合适的拍摄场地、有了适合的学员人选、有了恰当的上课模式等等，所有工作在大家的努力下迅速成型。在做完所有这些准备工作后，我非常期待这一集的拍摄和剪辑后的成片。很快，拍摄开始了……

2014年12月22日，北京深冬的早晨，我准备好所有的教具、服装奔赴位于东三环的瑰丽酒店，这一天，是我们"味道学院"正式拍摄的日子，头一天的下午，我和分集导演仔细对过台本，台本做得非常细致丰满，每个环节设定清晰有序、每个人的任务分工准确明朗，整整一集的内容杂而不乱，记性不太好的我看完台本之后，对里面的环节内容都记了个八九不离十。一边回忆台本的内容，一边驱车赶往拍摄地，当我到达瑰丽酒店时，整个栏目组所有工作人员都已到位，并布置好了拍摄现场，我想这里就是我们"味道学院"启蒙之地了。

拍摄进行得既顺利又艰难，顺利在于事先节目的设计是科学合理的，实现起来非常舒服；艰难在于一整集的内容要在一天内拍摄完成，工作量极大。拍摄中难免会有现场调整的地方，即便是台本设计得非常完美的情况下，栏目组仍然抱着精益求精的态度，对每个细节进行调整，经过17个小时的奋战，拍摄顺利结束，我敬佩参加录制的每一个成员，导演、主持人、摄像、灯光、道具、味道学院的学员们，大家都很辛苦，但是听不到一个人抱怨、喊累，相反，大家都沉浸在"味道学院"浓浓的学术加娱乐的欢快气氛中，我作为"味道学院"院长，为有这样一群陪伴我的伙伴们感到欣慰和骄傲。课后，已是午夜12点多，大家愉快地合影留念，纷纷来向我请教问题，我被大家对美食的热爱感动着，这种感动久久未曾离去！

后序

经过《上菜》栏目的策划与拍摄，我不得不说，《上菜》对我的影响之深远，它让我对美食的认识更加深刻，更加勾起了我对传统美食的挖掘、发扬、传承的责任和信心，在我的教学生涯乃至我的整个人生中都增添了浓墨重彩的一笔，这一笔让我在美食这条道路上走得更加坚定、更加义无反顾！

在文章的最后，请允许我向《上菜》栏目组所有工作人员、参与上菜的三位老饭骨和主持人致敬！是你们给予了电视观众美食的饕餮盛宴，是你们给予了餐饮界久违的肯定与赞扬，是你们给予了厨师们充分的尊重与推崇，更是你们展现了中国美食崇高的境界和内涵，让更多像我这样从事美食工作者们重新树立了对行业的信心！我相信，在未来的日子里，这个团队还会做出更多体现中国美食魅力的节目，我期待着、期待着……

《上菜》，用心品尝
接地气儿的味道盛宴

●《上菜》第二季观众及味道学院学员 任强

作为一个在北京土生土长的80后，并且是一个狂热的做饭爱好者，我喜欢吃、讲究吃，炒肝配包子、豆汁儿就焦圈、烤鸭最好配荷叶饼、涮羊肉就得是铜锅的、腰子必配花毛一体外加白瓶儿绿标红盖儿大牛二……但我更喜欢做，炒、爆、熘、炸、烹、煎、烧、煨、煮、蒸、汆、扒、炖、焖……七尺灶台，刀光剑影，烈焰焚情。虽然现在的工作与做菜根本不沾边儿，但这十几年走南闯北的也品尝到不少地方美味，觉得好吃之余也经常琢磨这美味的"东东"是怎么做的呢？只要是我在家就喜欢给家里人颠仨炒俩，把在外面吃过的好吃的自己尝试着做做，用自己琢磨的办法，做出我自己的味道。

爱吃好做的我当然会关注美食节目了，各种诱人美味、各种烹调技法、各位大师名厨都必须关注，尤其是适合咱老百姓接地气儿的节目。继2013年BTV生活频道推出的《上菜》第一季之后，2014年11月8日晚20：00北京市旅游委、BTV生活共同打造蛇年岁末大事件——13集美食人文真人秀《上菜》第二季在BTV生活频道重装上阵！哈哈哈哈，吃货们，咱们的福气又来喽！

孙立新、郑秀生、董克平这三位大咖的名字都听一些做餐饮的朋友提起过，这都是国内乃至国际级的烹饪大师、美食家、烹饪大赛专家评委，绝对是中国餐饮界巅峰级的人物，不禁让我肃然起敬！他们很少在电视上露面，就更别说是看大师亲自动手制作美食了，确确实实惊着我了！这《上菜》第二季请大师做什么呀？不是鲍鱼、鱼翅、燕窝什么的高大上作品，而是烤鱼、四川火锅、烤羊腿、鱼头泡饼、炖豆腐，居然还有小龙虾、小海鲜、煎饼、烧饼和包子。这大师就指导做这个呀？但古人云：你以为你以为就是你以为了？如此这般我倒要看看这《上菜》第二季葫芦里卖的是什么药？！

自打《上菜》第二季开始播出我是一集不落，每一集都有三家店制作同一个菜，但又有各家的风格和特点，传统与现代完美融合的宫保鸡丁烤鱼、大翻勺的锅㸆肥肠豆腐、艺术品级别盐焗黄河大鲤鱼、几经周折研制的麻辣十三香小龙虾、父女一同琢磨的怪味小龙虾、四合院里的炖豆腐、工业化中央厨房出品的芽菜包子、原汁原味小海鲜、争论激烈的有渣无渣四川火锅、爷俩齐上阵的油酥烧饼与超现实主义的煎饼和温馨的蛏子炒蛋……美味在此数不胜数！我看到了近百岁的烹饪大师亲自演绎传统名菜，看到了小姐儿俩起早贪黑、不知疲倦，看到了小村镇里的子承父业，看到了五星级酒店里的传统烹饪技法，看到了三位大师无私地指导把各自的秘方倾囊而出，看到了餐饮从业者对食材的尊重，对菜品的精益求精……让我大呼过瘾！这不仅仅是一次接地气儿的味道盛宴，更是通过一道道接地气儿的大众美食展示了每一位餐饮从业者对美食的理解与继承、发扬餐饮业优良传统的坚定信念。他们是在用心做菜，用心展示美味的真谛。咱老百姓能吃到这么多接地气儿的美味，这就是幸福的生活。

通过报名我非常荣幸地参加了《上菜》第二季之味道学院的录制，也亲身感受了《上菜》第二季节目录制的艰辛。我们味道学院的学员虽然是坐着听课，但十几个小时的录制不免让我腰酸背疼腿抽筋，连吃美食都没精神了。但看看身边的每一位编导、摄像他们比我累啊！我坐着，人家站着，我吃着美食，人家端着摄像机，我们味道学院的院长何亮大师一直是站着讲课，还要亲自制作菜看给我们学员品尝。哎呀！老几位何止是辛苦啊！看着都让人心痛。为了录制一个节目，大家真是蛮拼的。一天的辛苦没有白白付出，通过味道学院的学习，让我了解到应该怎么去吃，怎么去品尝，什么才是味道。味道

是一种感觉，味道是一种思想的展现，味道是一种心和心的交流……每一道菜、每一个镜头、每一期节目都是一种味道，看看身边这些为了记录和传播味道而付出艰苦劳动的人们，他们是在用心去讲述味道的故事，他们每一个人都值得尊重和赞扬。

正如《上菜》的宗旨所言一样：人生就是一场觅食，一勺饭、一道菜催生人间烟火。设若这人间烟火中我们尝到的是酸甜苦辣咸，那么品鉴这酸甜苦辣咸的渠道便也应了"五味"之说，只是此五味，非彼五味。此五味乃是观味、闻味、尝味、听味和心味。用心去感触、去包容、去承载、去感恩才是味道的真谛。

各种辛苦的付出换来了最终的味道盛宴《百席宴》，"七尺灶台英雄争霸"，30家餐厅，共计30道菜品最终花落谁家，还要看谁的味道、谁的用心更能打动百名大众评委的味蕾。我们味道学院学员也荣幸地成为百名大众评委中的一员，手持投票的瓢我内心非常激动，更让我兴奋的是《上菜》第二季中的三位大咖亲临现场为名店名厨助阵拉票，当然还有节目中播出过的各种美食，哈哈哈哈……（让我先乐一会儿啊）这是我人品大爆发了吗？绝对是人生中不可多得的机会，一定要认真地品尝，仔细地记录，然后投出我神圣的……一瓢。从早点的煎饼、包子、烧饼开始，午餐的火锅、烤鱼、炖豆腐，晚餐的鱼头泡饼和烤羊腿，就连夜宵都是小龙虾、蛏子炒蛋和烤扇贝，中间还穿插各种京味小吃，这一道道美味让所有的大众评委非常难取舍，这……这……怎么都这么好吃呢？！谁能告诉我不给那一家店投票的理由吗？纠结！闹心！

　　不仅是美味让我流连忘返，这各家名店的厨师团队也是多才多艺。眉州东坡的大厨们一曲《小苹果》让我这个四肢不太协调的人都按捺不住，随着有韵律的节奏，咱也扭扭消化消化食儿。现场犹如公园门口的广场舞，忒热闹了！就连郑秀生大师都挺着将军肚在舞台上翩翩起舞，活脱儿一个憨态可掬的功夫熊猫，郑大师么么哒！还有江边城外、99顶毡房、泓泰阳，各种民族歌舞、民乐齐上阵。我这耳、眼、鼻、舌、口、腿、脚、胳膊、头各种忙不过来。这幸福来得太突然了，让我应接不暇。

　　吃罢，投票。最终花落谁家并不重要，每一个参与《上菜》第二季的人都是赢家。大家艰辛的付出之后收获了喜悦，收获了认可，收获了良师益友。至于我，我不仅品尝到了美食的味道，领悟到艰辛付出后收获的味道，看到同行之间相互扶持、帮助的兄弟之情的味道，见证了烹饪大师虽"退隐江湖"但为了让烹饪技艺能够薪火相传，授徒传艺温馨感人的味道。这味道将铭记在心，百感交集，挥之不去。

　　人生百味，味道就是这么神秘，而且难以复制。一道菜，一段人生，一种味道，味道的传授也许是遵循着口耳相传，或是心领神会的传统方式。也许是祖辈世代相传的故事，师徒的秘诀，食客的领悟，味道的每一个瞬间，无不用心创造。正所谓味之心，心之味。

草根吃货结缘《上菜》
寻味路上收获良多

● 《点击望京》总编辑 武艾云

作为一个闲散在民间的草根吃货，一年前与《上菜》结缘，在第一季中以"主吃人"的身份走上了在京城的寻味之旅，三天游走了3家制作猪蹄的店铺，品尝到了美味猪蹄，也了解了这些美味背后的不平凡的故事，感慨多多。

《上菜》第二季中，再次有缘参与其中，变身成为了味道学院的学员。著名厨艺大师何亮出任味道学院的院长，我们跟着他学习如何品鉴菜品的味道，10名京城厨艺届青年才俊担任助教，著名美女主持人梦瑶担任学习委员，味道学院的学员们也是收获很大，不仅学到了品鉴菜品的技能，也学会了品味人生的一些道理。

用心做菜，方能做出好味道，用心做人，方能享受好生活，做菜、做人道理是相通的。

世间百味皆有道，寻味根本在于心。人生路漫漫，味在道上，用心寻找才能得到真味！

一不留神突然发现我这草根吃货居然成了《上菜》的两朝元老，见证了北京电视台生活频道是如何集结了一群精兵强将，倾注了大量的人力物力，精心打造成的这一档美食真人秀节目，从海陆空全方位展示了美食、美景、美味以及这些元素背后鲜为人知的那些感人故事，在京城引爆吃货们的热情，引领大家关注生活百味中的喜怒哀乐的全过程。

有缘认识了一大群用心做事、精益求精的人，有缘认识一大群用心生活、能吃会做的朋友，这是两季《上菜》带给我最大的收获，感恩朋友们，我的生活因为有你们，会更加温暖和幸福。

吃了么您呐？《上菜》第三季，我们约吧？

回归饮食本味

● 美食终极品鉴家　刘烁

　　人生下来就知道要寻找母亲的乳头，不需要教就知道要吸母亲的乳汁，这是我们的本能与天性，这是为了满足我们身体的基本供养，直至生命的尽头。当我们不停摄取食物的同时，随着年龄、阅历的增长，食物多样性的变化，我们就开始懂得了品尝。我相信每一个人对于每一道菜的评价都一定不同，也没有任何一个人可以做的让所有人满意的菜品。因为对于品尝来说，每一个人味蕾的发育程度不同，对味道喜好程度不同，这中间更多的包含了成长过程中对于味道的记忆。

　　一直以来人们成长的过程都是由简单到复杂在回归简单，食物的品尝也是如此，慢慢随着山珍海味的渗透，我们却开始怀念那最初白水清煮的味道，那种需要你细细品尝的味道，那种吞咽之后却可以口中回甘的味道。

　　《上菜》我们每天都在家里上菜，做好了需要端上来，这是一个动作，这个动作的背后却是一个厨师的心血，还有一群翘首期盼的食客满怀的期待。我爱吃，不挑食，这应该是一个食客的必备素养，从一次偶然机会遇到了美食节目到最后成为《上菜》的终极品神，我只是做了用心两个字，任何一道菜如果在烹饪的过程中不走心，那么它只是调料的的味道，在你用心琢磨加上调制的过程中，你会将你的精神和爱融入进入。吃，常让人觉得满足，那是因为你品尝到了这个用心。参与录制节目《上菜》的过程中，我不仅仅吃到了，更学会了用心去体会每一道菜品背后的故事，去感受每一个厨师对于厨艺的那份热爱。去研析食材与烹饪之间的关系。

　　吃，我们永远不会停止的动作，却可以让你拥有各种复杂心情，这大概就是最奇妙的事情了吧。

[味道学院]

食之味

●非典型吃货 研究生在读及艺人主播　刘小胖

　　食物，是一种生活态度，它的选择充满多样性。我们与食物的关系是平等的，所以再多的选择都要尊重它，因为作为食客是为了尝出它本该有的味道。

　　相遇一种食物是一种缘分，就像不经意的转角路口邂逅的那天那人那事。酸甜苦辣，五味陈杂，一样的味道碰撞出不同的组合的食物，因而有了麻辣的情结，糖醋的情愫，咸香的情怀。所以总能看到类似的食物，吃起来却大相径庭。

　　一种食物，又是一种味道，有关的故事多得说不完。古城小吃一条街上有友谊、爱情和亲情；百年老字号饭店中有依赖、信任和传承；商场连锁餐厅中有节奏、时尚和创新。这味觉的故事，循环往复，一遍又一遍。

甜的味道，是儿时不懂事偷拿供台上的蜜饯塞进嘴里的那种满足，是每天清早最先接触的味道，它在嘴里被刷来刷去，还是热恋时信息秒回的速度。

辣的味道，是家乡"不吃辣不当家"的鼓励，是走到哪都能勾起人欲望的欢乐颂，是热恋后常有的吵架，火辣辣地来，火辣辣地去，留下的是辣椒油，下次继续再燃。

苦的味道，是好姐妹告诉你可以减肥的利器，再不喜欢为了美使劲喝；是十年寒窗为了获得的那一纸大学录取通知书；还是感情瓶颈期的难以容忍，也许度过就来到一片冲积平原。

酸的味道，是妈妈给我讲述童年的她在打醋的路上偷喝半瓶；是电视里的歌词"酸酸甜甜就是我"让我模仿了一遍又一遍；还是我认为遇见了今生挚爱，直到成为我前任后，我的心尝到了酸的感觉。这种喜怒哀乐、悲欢离合，循环往复，一遍又一遍。

味道充满了多样性，因而食物充满了选择性。偶遇《上菜》，也许很多人觉得它告诉我们什么是最好吃的、最棒的。但在顶级味道的食物面前，也许没有最棒，有的是合适你的味道，选择你认为对的，就像选择一个对的人，在你心中也许会有个不一样的答案，但却只有这一个有机会一起品评人生的酸甜苦辣，让这种味觉的人生循环往复，一遍又一遍。

[味道学院]

味道学院给了我
一个不一样的人生

●味道学院观众及学员　王鑫雨

在我26岁那年儿子出生了，看着怀里粉嫩嫩的儿子，我毅然告别了职场，立志要把儿子培养成一个出色的人才，从此儿子成了我生活的全部。为了把儿子培养得自信果敢，我积极地带他参与社会活动，为了锻炼儿子的胆量，在他3岁的时候，我带他参加了《幸福厨房》的拍摄，我们一起做了儿子爱吃的西红柿凉面，从此和北京电视台生活频道结缘。

2014年12月21日，我正式成为了北京电视台生活频道《上菜》栏目"味道学院"的学员。何亮院长，郭红班主任，梦遥学习委员，还有我6位可爱的同学们，让我重温了昔日在课堂里上课的幸福时光，好似回到了那个纯真的年代。课堂上，何老师教我们什么是"味道"，教我们如何用我们的五官去正确地品菜，如何用舌头上不同的部位感受不一样的味道。快下课时何老师问我们：如何衡量一位优秀的厨师？同学们有的回答优秀的厨师就像厨房的艺术家，把简单的食材变得像一件珍贵的艺术品；有的说，优秀的厨师就是味道的表达者，做出的菜人人都爱吃，都已吃过这位厨师做的菜为荣。有的说，优秀的厨师就是用自己的爱融入到他做的菜里，让吃到的人为之感动。还有的说，优秀的厨师就是家喻户晓，得过好多的大奖。何老师笑着说："我认为优秀的厨师，会用自己的生命去做每一道菜，因为他知道他所做的每一道菜，关系着食用者的健康，直至生命。"这句话，让我很震撼！天下熙熙，皆为利来；天下攘攘，皆为利往。在这个利益的社会里，让我们忘记了什么是最重要的，名利，钱财，和优秀的人格品质来比较，孰轻孰重呢？回到家里，我久久难以入睡，回想在家陪伴儿子的岁月，我的目标就只是要把儿子培养成一个知识渊博、才艺出众的优秀人才，可是这些是最重要的吗？没有一个健康的体魄，健

全的人格就算再才华横溢，能算有一个精彩的人生吗？为此我付出的代价是忽略了我的父母，忽略了我的爱人，我真的做对了吗？爱人下班回到家，我只顾着陪孩子学英语、练钢琴，被忽略的他只能自己煮个面吃，然后悄悄地躲在书房里，这就是我要的幸福生活吗？我放弃了自我，一意孤行地要去左右孩子的人生，我如此这般地度过我的一生，我能成为孩子正确的人生榜样吗？

今年我32岁了，我重返了职场，把父母接到了我的身边，儿子上小学了，学习是他自己的事，他要学会自己安排自己的时间。我不能把儿子当成我的附属品，他有他自己的人生。每天在单位努力认真地工作，下班后直奔超市采购后回到温馨的家，换上家居服，戴上我的小围裙，走进厨房，立刻化身美厨娘，用最美好的心情，做出健康美味的饭菜，奉献给我的父母，我的爱人，我的孩子。看着父母、爱人、孩子满足的吃相，我忙碌而快乐着，日子过得健康又充实，我不

会再为了儿子没有把一首钢琴曲弹熟而焦虑，不会为了爱人看电视发出的声音暴躁如雷，生活就像一盘菜，不只有酸甜苦辣咸，还有爱！

《上菜》给了我一个新的开始，它让我重新审视了我的人生，我要用我的爱和智慧，为家人奉上一道道营养又健康的饭菜，呵护全家人的身体，平淡是福，健康是福！

十二 主创人员随想录

话说上菜

杨凡

《上菜》总导演　总撰稿

说"上菜"先说说酒肆。《周礼·天官·内宰》说："凡建国，佐后立市，设其次，置其叙，正其肆，陈其货贿。"而城邑市场按照出卖的物品划分，卖酒的场所和店肆即被称为"酒肆"。

酒肆是唐宋时期饮食行业中最为突出的部门，是当时城市经济繁荣的象征。后来，酒楼逐渐成为大型酒肆的代称。北宋东京城内共有72家大酒楼，称为"在京正店七十二户"，这个时期一些酒楼开始以美肴佳馔吸引顾客。

清末民初，北京繁华区域，如东四、西单、鼓楼前有许多大的饭庄，这些大饭庄在京城餐饮业中的地位，较之两宋的豪华酒楼有过之而无不及。到了本世纪，北京已然是世界历史文化名城和国际旅游城市，世界第八大"美食之城"。

BTV生活频道的一干人，从服务京城百姓的媒体责任出发，聚焦首都餐饮行业，高举"货分三六九，菜有上中下"的旗帜，为百姓"上菜"，评业界"上菜"，从而产生出10个优良的人气美食品牌，也诞生了一季原创美食真人秀《上菜》。

"上菜"，从字面意思看有两层：1.[send dishes to table]：把做好的菜送到餐桌上；2.[good dishes]：上等菜。《上菜》也可以顾名思义。

上菜的"上"

酒保是古代接待顾客的侍应人员。旧时京城的食客生活奢侈，礼数挑剔，一个好的酒保需要在摆台、安席、布菜、斟酒、结算、清场……都有一套十分娴熟的基本功。上菜，又称"出菜"或"走菜"，狭义上讲的"上菜"是酒保整个工作流程的一部分。自从周代有了折柬相邀、迎客于门、左为首席的宴会礼仪，朝廷以国宴开启了食文化的帝国旅程，在民间也有了逢年过节、庆典迎送、招亲待友、商务宴请的大小仪式。

"山珍海味不须供，富水春江酒味浓，满座宾客呼上菜，装成卷却号蟠龙。"描述的就是湖北民间蟠龙宴的盛况。"上菜"，作为一档美食真人秀的名字，既约定俗成，又庄严隆重。

然而，一个好的美食产品永远都是用最好的原材料，然后用尽千方百计提炼出它最本质的味道，也是食客最想吃的味道。所以，《上菜》包含了一道菜从食材到灶台再到餐桌的全流程，此"上菜"非彼"上菜"了。

上菜的"菜"

中国在世界上被誉为"烹饪王国"，在古代汉语里，"烹"作"烧煮"解释；"饪"即"煮熟到适当程度"。

还有，烹饪的味道是中式菜肴的灵魂。五味调和百味香，基本味的不同组合，各取不同比例的用量，即可变化万千，所谓"一菜一格，百菜百味"。

中国人不仅识味、辨味，而且还善于造味。品质上乘的菜肴调味适度，浓淡恰当，味型分明，变化多端。高明的厨师全在于搭配的适当，调和的技巧和火候的掌握。

如果把食材的采购比作影视制作的"前期"，进入到厨房环节就是绝对的"后期"了。厨师的功力，作品的成败，在此一举。这一见证奇迹的时刻也是《上菜》第二季中三位"老饭骨"的职业主场，三十位大厨的才艺秀场。

一盘菜肴做出来了，人们往往要对它的质量好坏作出评价。餐馆老板要评价，借此衡量厨师的技艺水平；消费者也要评价，看看花费是否物有所值，想想下次是否再来。《上菜》先天就是一幅权威的"北京美食地图"。

何以"上菜"

老北京称餐饮业为"勤行"，"勤行"中又分出"厨行"。厨行为最高者，俗称"口上"。"神圣"是中华饮食伦理的纲常要义。燧人氏钻木取火，伏羲氏织网捕鱼，神农氏播种耕作。发明熟食，善于烹调的先人，无不被奉为先哲圣人。

民以食为天。一直以来，家家户户都有管理烟火饮食的灶神，《敬灶全书》说："受一家香火，保一家康泰；察一家善恶，奏一家功过。"但是，近些年大街小巷的"灶神"多了，老百姓却只能"眼不见为净"。

"文武之道，未坠于地。"数千年传承不绝的华夏传统文明，不是封存在典籍中的皇皇巨著，是活生生的文明之河。那么，这些令人敬畏的神圣，是否还存活在这个古老的行当之中？面对不可阻挡的时代变迁，还有谁在城市的角落里默默地坚守？

躬身上菜，弯腰寻找。这是《上菜》这一季乃至往后那些季的第三个职能，也是本质职能。

随笔三则

（杨凡）

（一）临产期到了！

再过一个小时，怀了六个月零五天的孩子就要出世了！我刚刚看了一下，《上菜》节目组的微信群是5月3日建立的。这样的话，不加那些策划、创意的前戏，上菜这个店铺正式开业运营就是这么多天。心情很复杂，无法言喻。就像一个在产房外来回踱步的父亲，是男是女，是胖是瘦，是6个指头还是5个，一切都是未知。其实我本来没有这么激动，毕竟十月怀胎是母亲受累，我这个甩手掌柜付出就没有那么多。只是随着临产期的到来，组里的孩子们，圈里的朋友，参与了节目的老师们，一遍遍地询问节目的近况。这样一是提醒着我这件事情的重要性，二是生孩子真的不是一两个人的事情，父母，姐妹，甚至是同事、朋友。所以，此刻我衷心地谢谢几个月以来为《上菜2》

默默无闻、无怨无悔地作出各种奉献的剧组五十多个兄弟姐妹，没有你们就没有《上菜》，让我们共同祝福母子平安！

一群电视草根整出来的餐界盛事：《上菜》第二季是BTV生活的一档真人秀项目，和《北京味道》、《上菜》第一季一样，仍然是在缺钱、缺人、缺时间。我们拥有的只有电视人身上那种堂吉诃德般的职业感，业界风声鹤唳的危机感，还有为美食行业加油助威的使命感。《上菜》第二季不期望有多轰动，只能说机器里我们放胶卷了。

（二）邂逅川菜大师

庹代良1923年出生在重庆，12岁厨房当学徒，15岁出师炒菜，因为个子小需要搬一个小板凳垫在脚下。但是，个子小没妨碍他成为一个大厨。国民党统治时期，蒋介石、冯玉祥等国民党的高级要员都曾经是他们饭店的座上客。

新中国成立后，庹代良已成为重庆烹饪界响当当的人物。1950年，他被邀请到重庆市政府办公厅后勤厨房部主持厨政，召开重大会议，他都被抽调到军管会做饭。高超的烹调技艺，得到了总司令刘伯承、政委邓小平和时任市长陈锡联等人的赞赏。

1956年，在周总理"全国支援北京建设"的号召下，庹代良作为重庆名厨应调进京，担任了前门饭店的总厨师长。

1959年，欣逢10周年大庆，人民大会堂举办国宴庆典，千余桌的宴会，分别由北京饭店、前门饭店共同承办。庹代良带领他的团队三天没有合眼，出色地完成了这次万人国宴的任务。

1989年，前门饭店退休后，庹代良被南苑空军后勤招待所聘为技术顾问。直到2008年，84岁高龄的庹老才真正离开厨房，算起来庹老在厨房度过了73个春秋。

之所以喋喋不休地从网上剽窃这么多资料，实在是因为我们对庹老的了解知之甚少，甚至于我都不知道庹老的那个姓怎么读。

我认识庹老，是因为这次《上菜》。"咕嘟豆腐"也是我们最早定下来的菜品，其中最重要的原因是因为庹老。小院味道是孙立新老师推荐的，而庹老是小院味道的名誉顾问，庹老还是孙老师的师父，于情于理我们都要拜见一下这位世纪老者。于是我们打听到老人约好了时间，一行四五人去了小院味道。

老人如约早早地等候在那里，倒是我们因为众所周知的堵车和停车耽误了不少功夫，以至于落座好久心里还有一些不安。庹老热情地和我们一一握手，他的手很凉，很绵软。我当时的潜台词是，这就是那双抓了73年炒勺的川菜泰斗的手吗？这就是被国共双方那么多大人物心悦诚服的烹饪艺术巨匠的神手吗？

老人操一口浓重的乡音，精神矍铄，气场很足。整体感觉和这座深宅大院特别地搭，手机拍下来的照片都像古典油画。

但毕竟是九十多岁的老人，庹老的耳朵有点背。我们带了摄影师，带了录音笔，采访基本上是由本期导演赵雪莲伏在耳边进行的。祖孙二人高一句低一句，那个场面很温馨，很祥和。

接下来再次和庹老"见面"就是在后期机房了。这次《上菜》，我仍然负责全篇解说词的撰写和修改，导演要把粗编好的小样交给我，在锦尚阁的部分里我看到了庹老教唐棠学做宫保鸡丁。我就随口问了雪莲一句，老爷子还好吧，雪莲回我，已经不在了！啊？？嗯！！

接下来的细节片子里都有，雪莲的编导手记里也有。我关心的细节从雪莲那里都问到了，老人走得很平静，很安详。阿弥陀佛！

（三）大军其人

大军是我们最早产生的那拨店，光前期采访我就去过不下三回。记得第三回去了我第一句话就是你这颗难剃的头啊！大军呵呵一乐，为什么啊？

因为他太难对付了，什么问题都能让他把你给带跑，而且跑得是那么自然，不着痕迹。导演直央求我一起去，说摆不平这个老板。实际上我也摆不平，北京人聊天的强势你还不懂嘛！我就仗着和他是同龄人，就越聊越投机，沟通的焦点也就慢慢地明晰了。

所谓焦点是什么呢？就是我们做媒体都有个方法或者叫毛病，希望被采访对象有点问题，然后我们把解决问题的这个过程拍下来，就是一个生动完整的真人秀。而大军恰恰认为老锅老灶无懈可击，我们百般启发千般诱导，大军两手一摊，就是没有问题。

大军是个职业车手，人精明脑子好用，社会经验丰富，正因为如此，他不轻信任何人任何事，店里上的所有的食材、调料，都要经他亲口尝过。他的理由很简单，我能吃你就能吃，我觉得好一般也有人觉得好，最起码北京人会觉得好。这一点就很像我们做电视的脾气，有气魄！所以我们大家都喜欢大军，这是后话。

在北京开饭店的实际上只有两种人，一种是北京人在北京开店的，一种是外地来北京开店的（写完自己有点乐，好像全国全世界都是这样的吧，只不过这个问题我是拿北京做样本的就先入为主吧）。后一种比前一种数量多得多，而且这两种人是完全不同的两种人。

在北漂们眼里，北京人重礼、爱面儿、见识高、有傲骨，但偏偏有的人就开了饭店，做了餐饮。这就有了矛盾了，因为服务行业恰恰是需要放下身段才能挣着钱。每天乌央乌央的刘姥姥涌进北京这个大观园，他们就是你的上帝！咋弄？

大军们一定是经过这个纠结，才成就了现在人气。他们把见识高、有傲骨用来进货，把重礼，爱面儿用来打造企业文化。他们都坚守着一个东西，这个东西在他们的心底，在他们的嘴上，这个东西的标准比国家部门的标准高，也比我们一般人的标准高。自从《北京味道》开始，我结识了好多个大军这样的老板，概莫能外。

所以，他们这一类人和这一类店，多少有些爱来不来的意思，当他们的食客，说大点得是知音，说小点要懂行。做他们的朋友，得和他们喝大酒，把他们当北京人看，然后就让你平起平坐了。

《上菜》第二季随笔

吴冰

《上菜》节目评委 BTV生活主持人

参与《上菜》第二季的拍摄，是我2014年工作中最开心的一段经历。我参与了包子、烧饼、烤羊腿、豆腐4期内容。在12天的工作中，我发现了一个秘密，一个关于中国美食的秘密！

最开心的拍摄

我主持美食节目也有4年的时间了。按说这灶台、食材、美食、品尝对我来说都不陌生。但《上菜》却让我感受到不一样的开心和兴奋。现在一想起"上菜"这俩字，觉得浑身的汗毛瞬间都竖起来，马上起范儿开工的感觉，想想都觉得很兴奋。

从海刚同志任性的翘臀开场语："上菜，大咖入场，开始！"到董克平老师直穿人心的："上菜!"从霍雯老师一根香烟贯穿全场，到王昱斌老师白袜子变成黑袜子的前后期无缝连接。节目组里每一位伙伴都把全身的劲儿用在节目上，我们在一起见证了彼此的成长，也同时见证了中国菜的传奇。

最贴心的学习

记不清从哪一天开始，我痴迷在锅碗瓢盆的交响声中。而参与《上菜》正是一个绝好的学习机会，怎会轻易放过。一方面在制作与品评的过程中找到唇齿相融的玄妙，另一方面更要抓紧时间在学习中飞跃。郑秀生和孙立新两位大师，就成了被我"死缠烂打"的恩师，还见缝插针地和两位烹饪大师学了两道拿手菜。而在学习

烹饪的同时，也让我看到了大师的另一面。两位大师为了教我做菜，都做了精心的准备。郑秀生大师教我做蟹黄豆腐，头一天在家里蒸了4只大闸蟹，一点一点亲手把蟹黄剥离出来，装在小罐子里。孙立新大师教我做的是椒麻虾，也是在头一天把所有的配料都用小密封袋装好，一共装了七八个小袋子。学菜当天，当两位大师把之前准备的瓶瓶罐罐一个一个摆在我面前的时候，我瞬间暖遍全身，好贴心的大师啊！中国烹饪有一批这样认真、敬业、执着、亲和的烹饪大师，真是我们的骄傲。

最用心的传播

从《北京味道》到《上菜》第一季再到第二季，每一季节目都是中国菜的一张强有力的名片。而我也从之前的普通观众，成为了一名参与者，现在更可以说是一名美食文化的传播者。这种使命感不是任何人要求的，而是在我心底发出的一种力量。我相信在我们整个团队中，每个人都感受到了这种强有力的使命感。所以在策划、拍摄、画面、后期等各个环节都是绝对地精益求精。就像这些中国烹饪大师在菜品上一丝不苟一样，我们也在用认真做菜的感觉，更加认真地做节目，为的就是让中国菜在传播过程中不打折。

开心、贴心、用心，这正是我发现的秘密，也是中国美食的秘密——美食，才是与心贴得最近的艺术！

上·菜

谢真

《上菜》媒体评委　精品传媒集团美食编辑

像往常一样，为了安眠，我煮了热红酒。一点红酒，一片肉桂，开了火，红酒偶尔冒着泡沫。轻轻撒下些罗勒叶子，淡淡清香。我感谢遇见，好的美食，好的伙伴，度过好的日子。细数起来，《上菜》录制的日子结束有段时间了。一直没勇气回忆，实在是因为太过美好，既然现在静静写下，好吧，那么这个关于梦想的故事是这样的。

从夏天到冬天，根本谈不上辛苦，我称之为成长之旅。

小龙虾的故事是从一屉包子说起的。从未谋面的张（dōng）东（zǐ），微信询问大家要不要吃早点，他可以带来。之后我一直保持着替大家买早点的习惯，也是由此而来。

莫琪小龙虾的地方相对偏僻，条件也比较简陋，榕树下，小板凳，矮饭桌，仿佛回到了小时候。

剧组的氛围很融洽，好像老朋友，中午躲在树阴下，吃口盒饭，听着三位老师谈天说地，总是觉得难得。

重庆火锅的故事还要从郑老师开始。每次录制，郑老师都有一个普通的手提袋子，里面有个硕大的茶缸，大概是我记事起见过的最大的茶缸了，一天换个五六次水，录制才能结束。那天郑老师限行，我顺路接上他一起到黄门老灶，路上我们静静聊天，老爷子回顾着年轻时刻，一身白西装，白皮鞋，也曾英姿飒爽过；讲述着对于宝贝女人的欣慰，对老伴儿的深情，平实的语言，却伴随着无比温暖的笑容，感受到正能量坐在我车上，我记得那天，阳光格外明媚。

鱼头泡饼的故事里，我想说说董老师。节目里的董老师绝对地能说会道，而私下里，他最经常的状态便是拿着手机写东西。那天录制的地点是天台，赶巧风很大，董老师提醒我穿得太单薄，应该带条毯子上去，我总觉得像是我爸早上嘱托我的话。后来看了董老师的朋友圈，才知道平日码字的董老师，写的不止是美食，还有一个父亲对女儿的深情爱意。记得节目录制到年底的时候，他写了这样一段话，大概是这样说的，女儿说圣诞节回国之前买了新潮的衣服给他，他很开

心，好想看看是什么样的衣服。

烧饼的故事发生在一个偏僻的地方，一对父子，执着地守着一门手艺。简陋的房子里，简单的工具，做出了可以一手捏得粉碎的烧饼。那天降温，郊区就格外冷了。秦师傅，也就是故事的主角，心里暖出了一团火，房前房后，忙活着准备节目和招待我们。烤地瓜，最朴实的味道表达了最真实的热情。比起味道，我对那天一个画面印象更为深刻。父亲带着儿子上场，看着儿子在操作的时候，秦师傅皱着眉，嘴角却在上扬，眼睛里流露着期待与担忧。起初我以为他是担心儿子的表现，其实是因为秦师傅知道卖烧饼根本不足以养活一家，却还是坚持让儿子学下去。我不知道传承是个严肃到什么程度的课题，只知道，在这对远郊农民身上，不计利益地让儿子继承手艺，就是令人动容的传承。

煎饼的故事主角是个漂亮的女主厨，这种漂亮让人想到了《天生嫩骨》里追随美食一生的露丝——坚强的背后有多少苦难我不知，可当见到高厨的第一眼，我就想告诉她，"你有一张可以点亮世界的笑脸"。我们，工作人员，服务员，客人，无一例外，都在被她的微笑温暖着，知道吗，下笔写这一段时，我的脸上也泛着喜悦。我一直坚信，厨师的性格体现在食物上，如何形容高厨做的煎饼，那是深冬，家的后院，推着车的老奶奶，放了两个鸡蛋的大煎饼刚刚出锅，双手捧着，热气蒙了层雾，孩童般幸福的脸。

在这里，所有人似乎都是梦想家，不计付出，也不计回报。每一个编导像是上了发条，高速地旋转。特别喜欢王昱斌说话，不紧不慢，头头是道。庆功宴上，我跟老几位喝了几杯，人群散去，我端着酒杯，深情得如同毕业典礼的自己，转身对着王老师，说了这样一段话："我不知道梦想有多高贵，看着你们这样一群人，应该说原来还有你们这样一群人，为了梦想活着。《上菜》是你们的梦想，你们为了它拼了全力，我感谢你们，让我有机会出现在你们的梦想里，让我有幸目睹了什么是追梦人。于是，《上菜》如今也变成了我的一个梦想，我想在这片净土，呆得久一点，再久一点。"伴随着我干杯，一旁的杨老师捧着ipad专注地看着当晚的《上菜》收官直播，望着他，我开心地笑了。谢谢你们这些如痴如醉的梦想家，给了我一段金色故事。

好了，热红酒好了，这些人儿的好运也就来了。

我与灶台那些事儿

郭红

灶台导演

《上菜》开拍了

制片人王昱斌集结了频道一杆精兵强将，邀请了中国烹饪届最顶级的厨艺大师坐镇，历经几个月的策划筹备，终于开拍了。

栏目组设立了导演组、灶台组、摄像组、灯光组、道具组、后期制作组，全组人四五十口人，俨然一个电视剧组的规模。大致是去年五六月份的样子，三位主力导演带领各自小分队陆续开始了外拍工作，我们灶台组则设定在三位导演将大部分外拍工作完成之后，节目进入灶台比赛阶段进行拍摄，也就是8月份，正式开始了长达半年的灶台部分的前期准备和拍摄工作。

灶台组成立

那天是8月1日，在建军节这天，制片人王昱斌（后来我们尊称他为老大）和《上菜》总导演杨凡（尊称"爷爷"）召集我们灶台组开筹备会。

我们老大，头发花白，胡子拉碴，其实他才四十出头，全年穿着同一款式蓝绿系的休闲装，蓝绿系运动鞋，身材瘦瘦高高，从人群中你会一眼认出那抹扎眼的、熟悉的蓝绿色。在台里的展示栏里，老大的照片下方写着一句让人印象深刻的话："他是一个电视狂人。"他的思维天马行空，总能迸发出奇思妙想的创意，从他深邃明亮的眼睛中能看到他对电视的热爱达到疯狂痴迷的状态，因而有"电视狂人"的雅号。事实证明，在今后的几个月中，他的这种疯狂成功感染了栏目组所有的人。

我们的"爷爷"，头发稀少，身材微胖，有糖尿病，比老大年长几岁，从外表看他比我们老大更显老，大伙都亲切的称呼他"爷爷"。"爷爷"有着多年电视从业经历，是一位资深的电视策划人，曾经是央视《艺术人生》栏目的策划，开过自己的影视公司，说着一口山西风味的普通话，和我们老大是多年合作搭档，其亲密程度用"恋人"作比喻一点都不为过，我们都背地里戏称他俩为"老两口"。如果把老大比喻成一只风筝的话，"爷爷"无疑是那根拽着风筝的线，他总能在我们老大天马行空的思维中快速准确地挑出其中的核心。最绝的是"爷爷"的文笔，《上菜》中脍炙人口的宣传词就出自爷爷之手，而《上菜》每一集的解说词都经过"爷爷"修改润色之后，变得更加唯美和具有感染力。"爷爷"好像之前学过美术，《上菜》中三位老饭骨的肖像漫画就是"爷爷"在学美术期间的同窗好友帮忙手绘的，创意则出自他老人家的智慧。最让我们钦佩的是这个年纪的"爷爷"其思维一点都不老套和墨守陈规，总能为我们的节目提出闪光的创意亮点。

有这两个老头儿坐镇，我们的工作可不好糊弄，大家都努力地想和他们的思维达到同步，更难的是把这些想法和创意变成现实，变成每一个画面，艰苦而富有挑战性的工作开始了！

为了灶台部分能拍出唯美的画面，老大邀请了三位神秘人物，一位是拍摄真人秀节目的资深摄像师林伟老师（第一季拍摄也是他的团队执行的），另两位是视觉指导陆地老师和灯光指导徐大欣老师。对前两位的第一印象是他们肯定是绝顶聪明的人，因为头发都少得可怜，尤其是老陆，在他的头部几乎很少看到任何与毛发有关的物体，后来我才知道北京有档次的餐厅的菜牌照片有大半竟出自陆地之手，他对菜品的出品构图和创意确实有独到之处。再说老林，资深摄像师，看年龄五十多岁，穿一件简单的深色体恤，戴一顶酷酷的乳白色贝雷帽，也许是为了遮掩头发稀少的头部，后来发现每次拍摄他几乎是相同的装束，以至于我怀疑他是不是同一款式的衣服买了很多件，手上经常夹着一根香烟，也许是经常外拍的原因，这个年龄的老林身材保持得相当好，相比之下，老陆又大又圆的肚子同样也体现了他的职业特点：吃货＋视觉指导。老陆的食量惊人，从他嘴里没听说过他不喜欢吃什么，在大家都提倡减肥的时代，他对此表现不屑一顾，甚至在因生病而掉了几斤称之后，他都要想方设法吃回来。灯光师徐大欣老师给人第一印象是他那古铜色的皮肤，仿佛刚从非洲回来，那天他穿着一件绿色无袖体恤，胳膊上的肌肉历历在目，下边穿一件青色大裤衩，应该叫短裤，脚上拖着一双夏天穿的那种拖鞋，说话声音洪亮，一看就是经常锻炼的健康人士，他曾在《上菜》第一季和很多大型节目中担任灯光师，因此看上去他和老林更为熟络。

这三位就是我们灶台组的核心人物，老林和他的摄像团队负责灶台部分的拍摄工作，老陆负责每道菜品的出品定妆照和灶台视觉呈现工作，大欣则负责所有跟灯光有关的工作，我则负责所有跟灶台有关的协调、统筹工作和节目中涉及到灶台的故事线等内容。

灶台组算是成立了，成员有我、老林、老陆、大欣还有四位负责道具的同事。老大给我们看了灶台的照片，这个灶台不是普通家用灶台，而是专门请专家模仿专业厨师所用的专业灶台定做的，有灶眼、上下水、切配区、洗配区、出品区，灶台下面接上煤气罐，火力很大，和饭店后厨的火力几乎相同，照片里的灶台通体是一个不锈钢的长方体，除了必备的功能之外，没有任何装饰，和大家在节目里看到的比较美的灶台有些差距，这个貌似普通的灶台可是我们的老大和"爷爷"亲自跑到大兴一个偏僻的加工厂找人量身打造的，以至于后来我跑到那个加工厂拉灶台的时候都纳闷，他们是怎么找到这个地方的。

灶台彩排

几乎所有的工作都是这样，当你越深入其中越能发现工作本身带来的精彩远远超乎我们的想像。

我们租了一个大金杯来运输灶台，开金杯的司机是"爷爷"的朋友张军大哥，他的本职工作是电视剧组的制片主任，也不知"爷爷"是怎么说服他来给我们当司机的，也许是因为张军也爱吃？因为他超级胖，目测200斤，为人极为谦和，工作认真负责，后来遇到栏目组车辆不够的时候，他经常帮我们去拉摇臂，让我们超级感动！

我们把灶台拉到第一轮拍摄的餐厅试着去摆放上面的小碗、小碟，老林从拍摄的角度去考量，老陆则负责灶台的美。我们三个就开始围着灶台转，一会儿摆摆这儿，一会弄弄那儿，老林时不时用手比划成一个框框站在远处量构图，时不时又跑到灶台后面测量前面的构图。我和老陆则跟这些小碗、小碟较劲，试图打造出世界上最美的灶台。我们试着用各种新鲜蔬菜和有颜色的调料瓶当前景，结合店家的环境，不停地摆弄着七尺灶台，渐渐地一个漂亮的装扮一新的灶台出现在大家面前，我们把装扮好的灶台从各个角度拍成照片发给老大和"爷爷"看，"老两口"再提出修改意见，最终定稿。

在经过第一轮对3道菜9家餐厅的踩点和灶台定位化妆后，为确保正式拍摄工作顺利进行，8月底我们选择了花家怡园进行了较为正式的大规模彩排，所有参加拍摄的嘉宾、导演及所有工种的工作人员全部到位，所有拍摄设备全部到位，全组四十多口人把花家的小院儿填得满满当当，大战前的模拟拍摄开始了。

在这里我还得说说我们老大，我们经常跟他开玩笑说，如果在现场设置一个高角度全景固定机位的话，就会从镜头里看到我们老大满场"飞"的画面，他从头到尾对每个环节每个工种都亲自把关，顾不得喝水、吃饭，只偶尔点根烟解乏，只要到现场他就像打了鸡血一样，以至于我们其他导演都觉得无事可做，因为他把我们的工作都做了，有他全盘把控，我们也乐得清闲，哈哈，这样的老大真心太可爱了，以至于后来正式拍摄的时候老林终于忍不住了，一见他来现场就劝他回去休息，说他扰乱正常拍摄。

花家怡园参赛的菜品是麻辣十三香口味的小龙虾，为了体现十三香，我们把十三香的所有香料分别装在一个个青花瓷的大盆里，摆放在灶台的前后左右，立刻就有了古朴传统的味道，我们的灶台被衬托得格外美丽动人。灶台上的所有器皿则选择了一水儿的白瓷小碟和小碗，与十三香青花瓷大盆遥相呼应。当摇臂从贴着上菜logo（标志）的灶台下方徐徐升起的时候，画面中从上菜logo（标志）慢慢出现了灶台、灶台后面的大厨、花家古色古香的门窗、青砖色的瓦片，最后是灶台全景尽收眼底。这一镜头被老大规定为灶台部分的固定开篇镜头，震撼、唯美、气势磅礴。

彩排就这样在炎炎夏日中，从每一个画面、每一个环节一点点向前推进。那天的天气特别热，烈日似火，大地像蒸笼一样，热得人喘不过气来，三位老饭骨郑秀生、孙立新、董克平和两位主持人张东、谢真不停地擦汗，尤其是郑老师，他的体重严重超标，最明显的是他的大肚子，我们曾经试着两个人一起才能抱着他的肚子围成一圈，别看郑老师这么胖，可是他的笑容特别可爱特别萌，因此我们送给郑老师一个响亮的昵称"郑萌萌"；孙立新老师则时刻保持着绅士风度，从着装到言谈举止都显露出儒雅的风范，即便是和另外两位老饭骨插科打诨时，话语中也充满了温柔，因此他也有了一个特别显赫的昵称"孙温柔"，三位老饭骨中董克平老师的声音是最有气势的一位，《上菜》宣传片中那句充满感染力的声音"上菜"就是董老师在拍摄花家怡园这场时喊出来的，三位老饭骨在片场时而互相吹捧、时而互相嘲讽，各自坚持着各自的立场，运用他们丰富的专业智慧和阅历在导演组的要求下演绎着各自的角色，可以说三位是《上菜》节目的灵魂人物。

主持人东子和谢真担负着推进环节和调解气氛的责任，在三位老饭骨"打"得不可开交的时候，两位总能四两拨千斤地化解"矛盾"，也会在三位老饭骨都"客客气气"的时候，不着痕迹地让三位老饭骨挑起"战火"。

五位嘉宾在日头底下唇枪舌战，也忙坏了化妆师雅琪。每到拍摄间隙，雅琪就会见缝插针给嘉宾老师补妆，她的任务是要保证每个嘉宾老师的妆容足够清爽和干净。三位老饭骨亲切的称呼她"琪琪"。

摄像指导老林在太阳下调度着他的兄弟们，经常能看到他拿着步话机小声地说："5号机推上去，摇臂扣死了，4号注意手部动作。"随着环节的推进，摄像们需要不断重新摆放机位，摄像老师们一个个汗流浃背，尤其是背着斯坦尼康的摄像师阿勇，还有控制摇臂的摄像师老茂，全身几乎湿透了，写到这我忽然觉得我们这个摄制组起外号似乎成了一种习惯，背斯坦尼康的阿勇被大家称为"好腰子"，片场经常能看到他闪转腾挪，用各种姿势进行拍摄，正因如此，在《上菜》成片中不时能看到"好腰子"穿帮的镜头，被誉为节目组穿帮率最高的人。

灯光师大欣和他的团队则在老林的呼喊声中不断调整他的那些灯，我们灶台组的成员则在每个拍摄的间隙，快速地清理灶台、更换道具、检查煤气罐以确保拍摄现场的安全等工作。

由于拍摄量大、素材多，为了方便后期剪辑，每个环节开拍前我们都要在镜头前打板，板上写着例如"花家怡园灶台彩排开场部分第一次"的字样，负责打板的是我们组的统筹李海刚，大家都亲切地叫他"板哥"，每次打板时他都会高声说出第几场第几次，然后就以最快的速度撤离，而摄像老师们拍摄用的卡也都归他统一管理，每次拍摄前他把卡根据机位编好号发给每个摄像，拍摄结束后他再挨个从摄像手里收回，因此除了"板哥"的名号之外，他还拥有"卡哥"的称呼，是栏目组唯一拥有两个外号的人。

灶台拍摄当中还有一位特别重要的人物，就是负责所有摄像器材管理的肖庆峰老师，他是一位特别资深的摄像师，在我们老大刚进电视台时，肖老师就是我们老大的老师，我始终认为让肖老师管理摄影器材有些大材小用，但是全组望去，能担负这项工作的也只有肖老师了。我们每到一家店都要给肖老师找出一间相对封闭的空间来存放设备，每次开拍前，肖老师会把所有设备分门别类整齐地摆放起来，摄像机、三脚架、电池、充电器、航拍的小飞机等等，一点都不带乱的。在长达半年的拍摄中，肖老师每天都和这些设备打交道，后来在《上菜》拍摄完成之后，老大让我们每人写一句关于"上菜"的话时，肖老师写道：我的工作是每天搬设备摆设备充电池发设备收设备，第二天再搬设备摆设备充电池发设备收设备。

灶台部分的流程拍摄完成之后，其他人可以去休息，我们还要完成补拍的工作，很多《上菜》灶台中比较有冲击力的特写镜头就是通过补拍完成的。通常我会要求大厨把重点环节重新操练一遍，我们的摄像师们对着厨师的动作一通猛拍，或特写、或升格，从不同角度完成补拍任务，摇臂则从最高处俯拍定妆照。这些过后就能看到老陆拿着他的梯子站在最高处，用相机对着菜品咔嚓咔嚓拍定妆照，大家从电视上看到的带着上菜logo（标志）的每一道菜品的出品照就是这样拍出来的。而能够拍出漂亮唯美的补拍镜头，除了唯美可爱的摄像老师们，还有一个特别重要的人，就是我们的灯光老师许大欣，这时候他就会拿着灯杆对着灶台拍摄区不断调整着光，直到达到最佳效果。

彩排从早上7点一直进行到下午5点多钟，经过这次大规模全方位演练，全组每个工种的工作人员基本确立了各自的定位和分工。10个小时奋战过后，大家都显出了疲惫，当时我相信大多数人都会想，这才是万里长征走出了第一步，这样高强度的拍摄将持续半年之久，后面的路可怎么走啊。

灶台比赛正式开拍

经过充分的前期准备，灶台比赛部分正式开拍了，这一拍就拍了三个月，30家店无一漏网，每到一家店，我们摄制组40多号人要在店里驻扎一整天，有的店是户外拍摄，还要根据天气情况适当调整拍摄时间。拍摄初期，九十月份正是夏末秋初季节交换之时，阳光和雨季相互交替着出现，户外拍摄有一些难度，我们要赶在太阳光最强之前完成全部拍摄，有时候凌晨四五点钟就去店家布置场地。如果赶上下雨天，还要进行防雨的紧急预案。

赞《上菜》

侯玉瑞

中国烹饪大师

看了北京电视台《上菜》节目好过瘾。我认为《上菜》是烹饪美食类节目中最好的。一是：一些传统的经典菜品被挖掘展现出来。二是：每期都连贯、完整，不管你是专业厨师和烹饪爱好者，只要认真看过，那些菜肴你都能学到八九不离十。

当前餐饮市场追逐"创新"，追逐"高档"，使很多菜品失去了本源要素，失去了中餐烹饪最重要的技法要求。著名的鲁菜泰斗王义均大师也讲过："现在很多人不重视基本功，做菜只重形，不重味，简单的一个炝锅面，吃不出炝锅的味道"。

我非常赞同王老的观点，在我博客中写了《中餐的魂在哪里》，我以为菜品是以吃为目的，以品味而制作的"艺术品"，过度点缀而轻味道是舍本逐末之笔，丢掉的是菜肴的"魂"。我有幸在《上菜》第二季收关之前，应好友孙立新之约参加他收韩国徒弟的仪式，得以在便宜坊与王昱彬导演见面，谈及那些濒临失传的菜点，烹饪届的很多老前辈、老师傅非常痛心。眼看着有些经典传统菜肴在我们这一代失传，我也有撕心裂肺之痛。

由于这次见面，我有幸在《上菜》第二季的收关之作，参加好友立新在味道小院挖掘传统菜的拍摄，收获颇丰，我做了一款经典传统菜肴，《上菜》节目也榜上有名了。最关键是挖掘经典传统菜肴的行动，将要从《上菜》第三季开始。我们翘首以盼，共同期待《上菜》第三季的开机。

主创团队人员

后排从左至右：导演孙岩，导演李海刚，总制片人、总导演王昱斌，导演赵阳，导演陈涛，摄像指导肖庆峰

前排从左至右：策划李志，策划欧阳莎琳，总导演、总撰稿杨凡，导演崔璐，导演赵雪莲，导演郭红

图书在版编目（CIP）数据

上菜 / 北京电视台上菜节目组编写. -- 青岛 : 青岛出版社, 2015.12
ISBN 978-7-5552-3407-4

Ⅰ.①上… Ⅱ.①北… Ⅲ.①饮食－文化－中国Ⅳ.①TS971

中国版本图书馆CIP数据核字(2015)第306933号

大型美食电视真人秀《上菜》创作组成员

总 策 划	曹鹏程　景劲松　朱 江
策 划	赵 彤　申京阁　闻 阳
制 片 人	王昱斌　霍 雯
总 导 演	王昱斌　杨 凡
导 演 组	陈 涛　赵雪莲　孙 岩　郭 红　赵 阳　李海刚　崔 璐
文 案 策 划	李 志　张 欣
摄 像 指 导	林 伟　肖庆峰
灯 光 指 导	徐大欣
视 觉 指 导	陆 地
美 食 顾 问	何 亮
大数据分析	杨 玥　王 丹
配 音	黄 辉
监 制	赵 彤　白艳军　任友红　刘学军
总 监 制	朱 江
出 品 单 位	北京电视台　北京市旅游发展委员会

编 写	北京电视台《上菜》节目组
出版发行	青岛出版社
社 址	青岛市崂山区海尔路182号　邮购电话 0532-68068026
策划组稿	周鸿媛
责任编辑	肖 雷
装帧设计	毕晓郁　宋修仪
制 版	青岛艺鑫制版印刷有限公司
印 刷	青岛海蓝印刷有限责任公司
出版日期	2016年4月第1版　2016年4月第1次印刷
开 本	32开（890毫米×1240毫米）
印 张	8
书 号	ISBN 978-7-5552-3407-4
定 价	45.00元

编校印装质量、盗版监督服务电话：4006532017　　0532-68068638

印刷厂服务电话：4006781235

本书建议陈列类别：美食类　生活类　饮食文化类

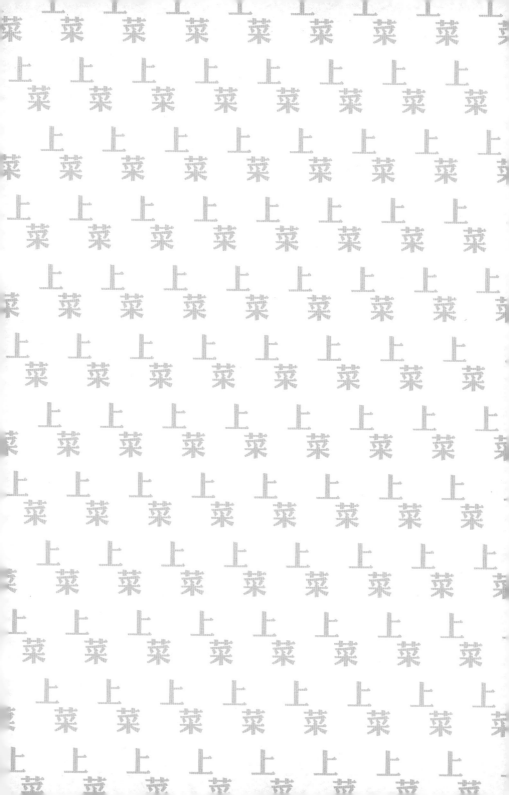